All About
PASTA

이종필·조성현 공저

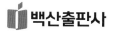 백산출판사

파스타를 깊이 있게 연구하고자 하는 독자들에게
다양한 아이디어를 제공할 것이다

이 책은

이탈리아 지역별 생파스타를 자세하게 소개하고 있어
처음 파스타를 배우고자 하는 학생에게 도움이 될 것이다.

특히, 파스타를 깊이 있게 연구하고자 하는 독자들에게 다양한 아이디어를 제공할 것이며,
현장 셰프와 교육자의 컬래버레이션(collaboration)은 요리책으로써
부족한 실무와 이론을 모두 채워줄 수 있으며
현장 요리사들에게도 새로운 지침서로써의 역할을 할 것이다.

로마 국제 파스타 박물관에
"이탈리아 사람에게 세몰라는 금이고 파스타는 삶의 기쁨
(Se la semola é oro. La pasta é gioia di vivere)"
이라는 말이 있듯이
저자들은 수년 동안 황금 같은 시간을 내어
이탈리안 파스타를 맛보고 흠뻑 빠진 시간을 이 책에 고스란히 담았다.

또한, 독자분들은 책장을 넘기면서
이탈리아의 주방에서 얻은 생생한 레시피와
체계화된 파스타 이론을 경험하면서 흥분의 도가니에 빠지게 될 것이다.

-알폰소의 파스타 스토리아, 저자 노순배-

Preface

파스타의 모든 것에 대하여

가르치는 사람은 쉽게 가르치고
배우는 사람은 쉽게 이해하고 쉽게 기술을 습득했으면 하는 바람으로
이 책을 만들게 되었다.

처음에는
'이탈리아 레스토랑에서 판매되는 몇 가지만 자세하게 소개하면 되겠지'라는 생각으로 시작하였
는데

하면서.......
 첫 번째, 이탈리아 파스타의 무궁무진한 창의력과 독특한 문화에 놀랐고
두 번째, 이탈리아 음식문화의 세밀함에 감탄하였으며
세 번째, 파스타와 소스의 결합으로 수천 개의 다양한 파스타요리를 만들 수 있는 융통성에
혀를 내두르게 되었다.

나름대로 현장에서 일했던 셰프 경험과 다양한 서적을 참고하여 도움이 되는 책을 내고자 하였다.
그리고 노순배 셰프의 수준 높은 자문 덕분에 조리사들에게 조금이나마 도움이 되는 책을 내놓게
된 것에 감사드린다.

처음 의도한 대로 이 책을 통해 파스타를 쉽게 이해하고 파스타를 쉽게 만들 수 있고 파스타를 연
구하는 데 도움이 되길 희망한다.

-저자 일동 두 손 모아

CONTENTS

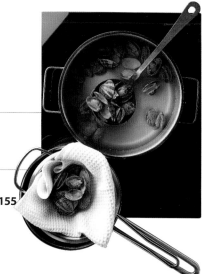

chapter 9 Olive oil and butter : The base for the simplest sauces

chapter 10 Cream-based pasta

chapter 11 Pasta based on preserved pork products

파스타의 종류 Kind of pasta

Ø : 지름 t : 두께 thickness w : 너비=폭 width L : 길이 length

Kind of pasta

Long shape pasta
가늘고 기다란 원통형 파스타

- **Capelli d'angelo** 카펠리 단젤로 Ø 1mm L 260mm (천사의 머리카락)
- **Vermicelli** 베르미첼리 Ø 1mm L 20~100mm (베르미첼리는 길이를 짧게 자른 카펠리 단젤로)
- **Capellini** 카펠리니 Ø 1.1mm L 260mm (카펠리 단젤로라는 뜻 / 카펠리 단젤로보다 살짝 두껍다)
- **Vermicelli** 베르미첼리 Ø 1.2mm L 260mm (베르미첼리라는 뜻 / 카펠리 단젤로보다 살짝 두껍다)
- **Fedelini** 페델리니 Ø 1.3mm L 260mm
- **Spaghettini** 스파게티니 Ø 1.5mm L 260mm
- **Spaghetti** 스파게티 Ø 2.0mm L 260mm
- **Spaghettoni** 스파게토니 Ø 2.2mm L 260mm
- **Fusilli lunghi** 후실리 룬기 라면처럼 꼬불꼬불함

Long tube pasta
튜브 모양의 긴 파스타 구멍 뚫린

- **Bucatini** 부카티니 Ø 3mm L 260mm t 1mm
- **Ziti** 지티 Ø 10mm L 50mm t 1.25mm

Ribbon pasta
길고 납작한 파스타

- / **Tagliolini, Tajarin** 탈리올리니, 타자린 예그 반죽 w 2mm t 0.8mm L 250mm
- / **Linguine** 린귀네 세몰리나 반죽 w 3mm t 1.5mm (납작함)
- /**Trenette** 트레네테(린귀네보다 약간 넓음) 세몰리나 반죽
- / **Reginette, Mafaldine** 레지네테, 마팔디네 세몰리나 반죽 w 10mm t 1mm L 100~250mm 양쪽 가장자리가 웨이브 모양
- / **Tagliatelle** 탈리아텔레 예그 반죽 w 10mm t 0.75mm L 250mm
- / **Pizzoccheri** 피초케리 메밀 반죽 w 10mm t 1.5~3mm L 50mm
- / **Fettuccine** 페투치네 예그 or 세몰리나 반죽 한 잎의 크기 12.5mm×1mm t 1mm
- / **Mattagliati** 맘탈리아티 예그 혹은 세몰리나 반죽 w 16mm t 1mm L 60mm '잘부 칼라낸'의 뜻으로 제멋대로 생긴 파스타
- / **Pappardelle** 파파르델레 진한 예그 반죽 w 25mm t 0.5mm L 250mm 에그 파스타 중 최고의 파스타로 일컬어짐
- / **Cannelloni** 칸넬로니 예그 반죽 w 30mm L 100mm
- / **Lasagne ricce** 라자녜 리체 북부 예그. 남부 세몰리나 반죽 w 36mm t 1mm L 142mm 양면을 웨이브 있게 자름
- / **Lasagne** 라자녜 예그, 라구리아 지역의 밀가루+차이트로인 반죽 w 75mm t 0.6mm L 185mm
- / **Fazzoletti** 파촐레티 w 177mm t 0.5mm L 125mm 얇은 손수건 모양

Short tube pasta
짧은 튜브 모양 파스타

- **Macaroni** 마카로니
- **Penne** 펜네
- **Rigatoni** 리가토니

Short shape pasta
짧은 모양 파스타

- **Ruote** 루오테
- **Cavatelli** 카바텔리 세몰리나 반죽 or 밀을 태운 그라노 오레초 첨가
- **Orechiette** 오레키에테
- **Conchiglie** 콘킬리에
- **Farfalle** 파르팔레
- **Fusilli** 푸실리
- **Fiorelli** 피오렐리

Filled pasta
속 재운 파스타

- **Ravioli** 라비올리
- **Tortellini** 토르텔리니
- **Cappelletti** 카펠레티
- **Oreco** 오레코

Soup garnish pasta
짧은 모양 파스타

- **Anellini** 아넬리니
- **Stelline** 스텔리네

Stamped pasta
스탬프로 찍어 표면에 무양을 넣는 파스타

- **Corzetti** 코르체티

Gnocchi · Granulated pasta
뇨키 · 알갱이형 파스타

- **Gnocchi** 뇨키
- **Couscous** 쿠스쿠스
- **Fregola** 프레골라
- **Pasta grattata** 파스타 그라타타

- 세몰리나 or 강력분 반죽 **Pici** 피치
- 세몰리나 or 강력분 반죽 **Trofie** 트로피에
  - 수타면

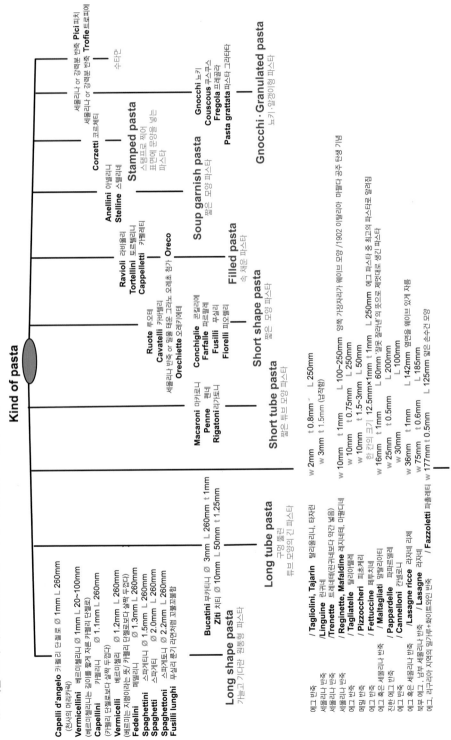

이 책에 소개되는 파스타

생파스타 Fresh pasta

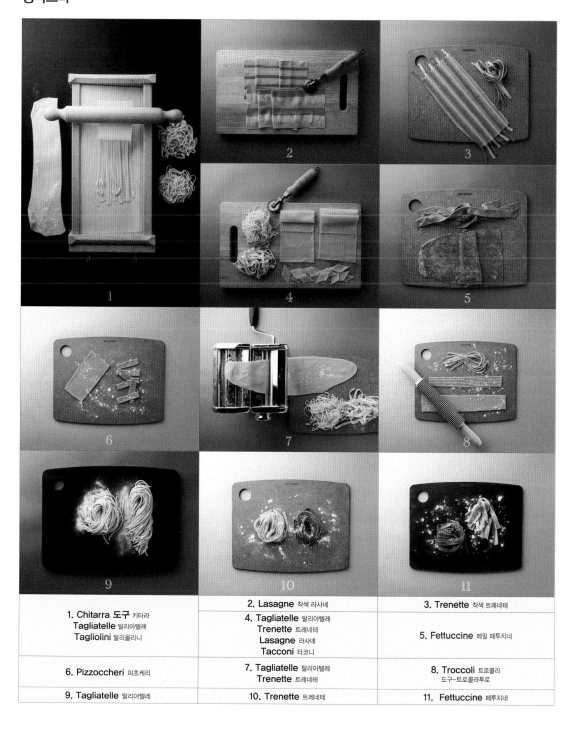

	2. Lasagne 착색 라사네	3. Trenette 착색 트레네테
1. Chitarra 도구 키타라 Tagliatelle 탈리아텔레 Tagliolini 탈리올리니	4. Tagliatelle 탈리아텔레 Trenette 트레네테 Lasagne 라사네 Tacconi 타코니	5. Fettuccine 메밀 페투치네
6. Pizzoccheri 피초케리	7. Tagliatelle 탈리아텔레 Trenette 트레네테	8. Troccoli 트로콜리 도구-트로콜라투로
9. Tagliatelle 탈리아텔레	10. Trenette 트레네테	11. Fettuccine 페투치네

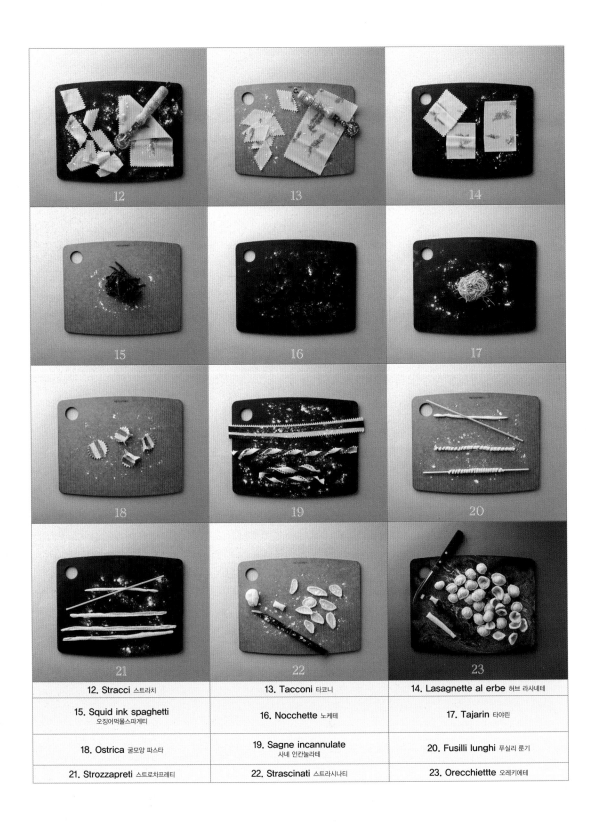

12. Stracci 스트라치	13. Tacconi 타코니	14. Lasagnette al erbe 허브 라사네테
15. Squid ink spaghetti 오징어먹물스파게티	16. Nocchette 노케테	17. Tajarin 타야린
18. Ostrica 굴모양 파스타	19. Sagne incannulate 사네 인칸눌라테	20. Fusilli lunghi 푸실리 룬기
21. Strozzapreti 스트로차프레티	22. Strascinati 스트라시나티	23. Orecchiettte 오레키에테

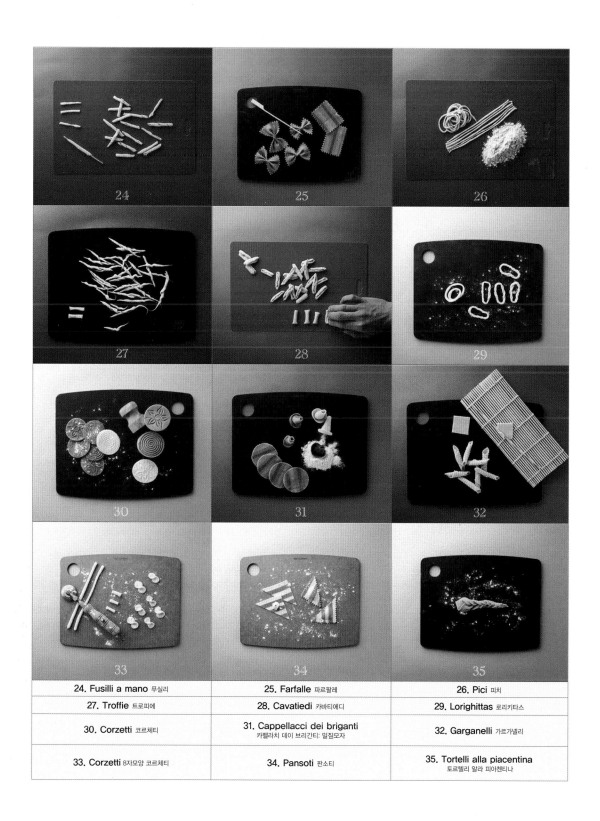

24. Fusilli a mano 푸실리	25. Farfalle 파르팔레	26. Pici 피치
27. Troffie 트로피에	28. Cavatiedi 카바티에디	29. Lorighittas 로리키타스
30. Corzetti 코르체티	31. Cappellacci dei briganti 카펠라치 데이 브리간티: 밀짚모자	32. Garganelli 가르가넬리
33. Corzetti 8자모양 코르체티	34. Pansoti 판소티	35. Tortelli alla piacentina 토르텔리 알라 피아첸티나

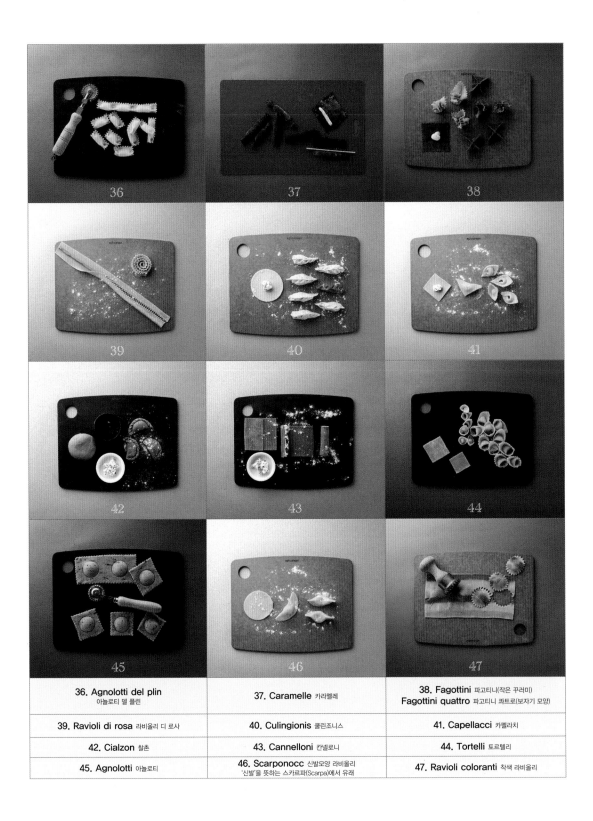

36. Agnolotti del plin 아뇰로티 델 플린	37. Caramelle 카라멜레	38. Fagottini 파고티니(작은 꾸러미) Fagottini quattro 파고티니 콰트로(보자기 모양)
39. Ravioli di rosa 라비올리 디 로사	40. Culingionis 쿨린조니스	41. Capellacci 카펠라치
42. Cialzon 찰촌	43. Cannelloni 칸넬로니	44. Tortelli 토르텔리
45. Agnolotti 아뇰로티	46. Scarponocc 신발모양 라비올리 '신발'을 뜻하는 스카르파(Scarpa)에서 유래	47. Ravioli coloranti 착색 라비올리

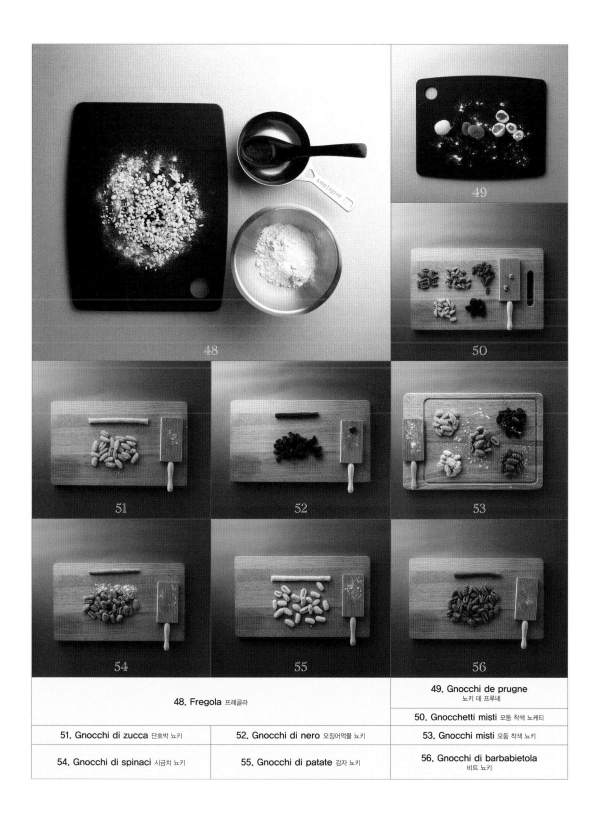

| 48. Fregola 프레골라 |||
| 49. Gnocchi de prugne 뇨키 데 프루네 |||

		50. Gnocchetti misti 모둠 착색 뇨케티
51. Gnocchi di zucca 단호박 뇨키	52. Gnocchi di nero 오징어먹물 뇨키	53. Gnocchi misti 모둠 착색 뇨키
54. Gnocchi di spinaci 시금치 뇨키	55. Gnocchi di patate 감자 뇨키	56. Gnocchi di barbabietola 비트 뇨키

57. Ravioli 라비올리	58. Ravioli 라비올리	59. Tortelli 토르텔리
60. Ravioli di razza 라비올리 디 라차	61. Tortelli 토르텔리/ 삼각형모양	62. Fagottini 파고티니
63. Agnolotti del plin 아뇰로티 델 플린	64. Sacchetti 사케티	65. Ravioli 라비올리

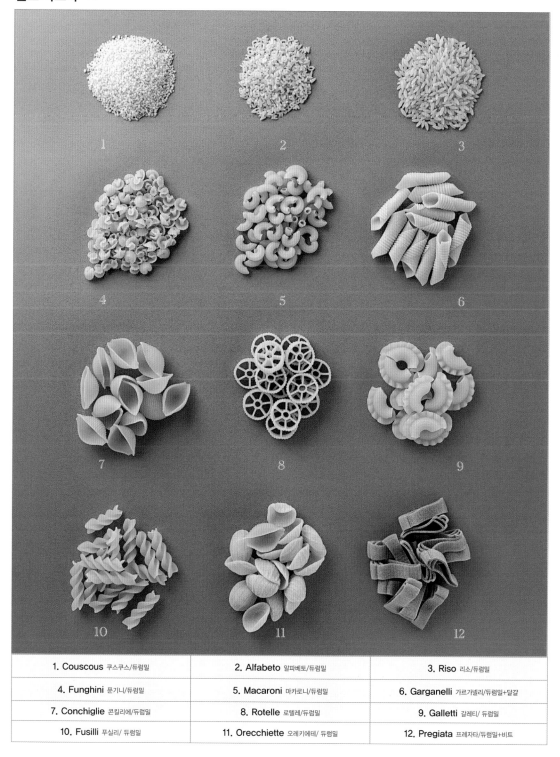

1. Couscous 쿠스쿠스/듀럼밀	2. Alfabeto 알파베토/듀럼밀	3. Riso 리소/듀럼밀
4. Funghini 푼기니/듀럼밀	5. Macaroni 마카로니/듀럼밀	6. Garganelli 가르가넬리/듀럼밀+달걀
7. Conchiglie 콘킬리에/듀럼밀	8. Rotelle 로텔레/듀럼밀	9. Galletti 갈레티/ 듀럼밀
10. Fusilli 푸실리/ 듀럼밀	11. Orecchiette 오레키에테/ 듀럼밀	12. Pregiata 프레자타/듀럼밀+비트

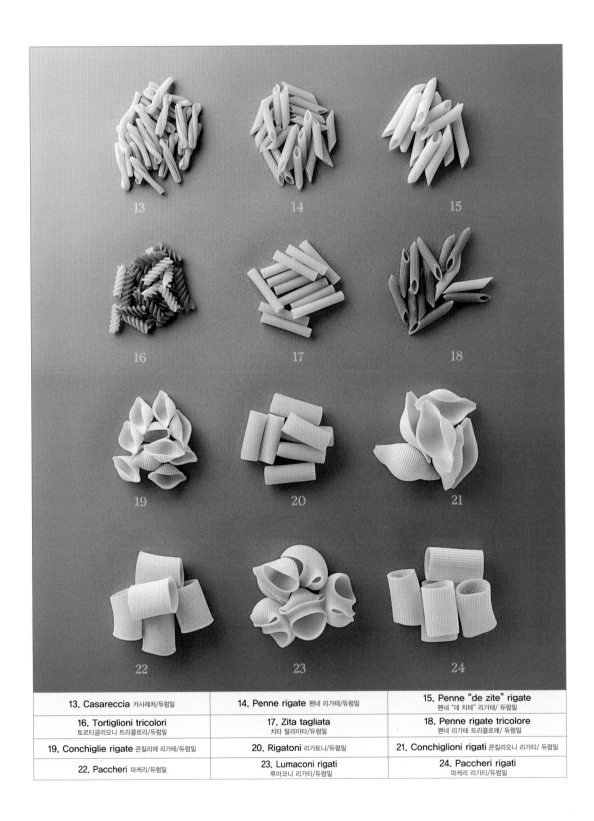

13. Casareccia 카사레챠/듀럼밀	14. Penne rigate 펜네 리가테/듀럼밀	15. Penne "de zite" rigate 펜네 "데 치테" 리가테/ 듀럼밀
16. Tortiglioni tricolori 토르티글리오니 트리콜로리/듀럼밀	17. Zita tagliata 치타 탈리아타/듀럼밀	18. Penne rigate tricolore 펜네 리가테 트리콜로레/ 듀럼밀
19. Conchiglie rigate 콘킬리에 리가테/듀럼밀	20. Rigatoni 리가토니/듀럼밀	21. Conchiglioni rigati 콘킬리오니 리가티/듀럼밀
22. Paccheri 파케리/듀럼밀	23. Lumaconi rigati 루마코니 리가티/듀럼밀	24. Paccheri rigati 파케리 리가티/듀럼밀

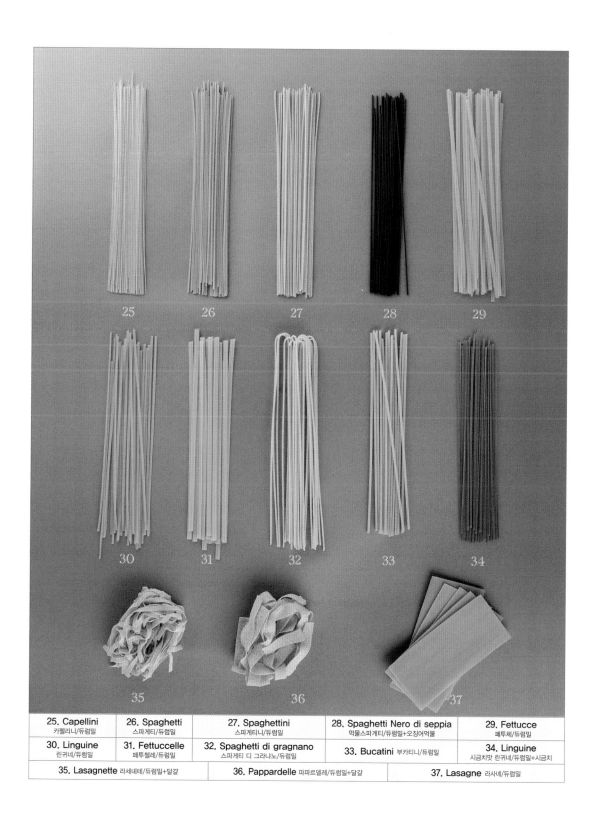

25. Capellini 카펠리니/듀럼밀	26. Spaghetti 스파게티/듀럼밀	27. Spaghettini 스파게티니/듀럼밀	28. Spaghetti Nero di seppia 먹물스파게티/듀럼밀+오징어먹물	29. Fettucce 페투체/듀럼밀
30. Linguine 린귀네/듀럼밀	31. Fettuccelle 페투첼레/듀럼밀	32. Spaghetti di gragnano 스파게티 디 그라냐노/듀럼밀	33. Bucatini 부카티니/듀럼밀	34. Linguine 시금치맛 린귀네/듀럼밀+시금치
35. Lasagnette 라세네테/듀럼밀+달걀		36. Pappardelle 파파르델레/듀럼밀+달걀		37. Lasagne 라사네/듀럼밀

파스타 도구들

1. Pastry blender 페이스트리 블렌더	2. Food mill or passaverdure 푸드 밀	3. Mortar and pestlle set 절구와 절구공이
4. Troccolaturo or troccolo 트로콜라투로	5. Ravioli round stamp with automatic ejector 자동 배출기가 있는 라비올리 스탬프	6. 2 Wheel dough divider roller pasta cutter 두 개의 휠이 있는 파스타 커터
7. Drum grater 드럼 그레이터 cheese slice 치즈 슬라이스	8. Corzetti pasta stamp 코르체티	9. Professional pasta cutter wheel 파스타 커터

10. Gnocchi board 뇨키 보드	11. Castle iron mortar pestlle 쇠절구와 절구공이	12. Ravioli maker cutter stamp square shape 사각 라비올리 커터
13. Chitarra 키타라	14. Potato ricer or sciacciapatate 포테이토 라이서	15. 5-Piece pasta roller attachment set 파스타 롤러 세트
16. Natural wood pasta dryer rack 파스타 건조대		

All about Pasta

이론편

Chapter 1

이탈리아 파스타의 역사

1. 파스타의 종류와 정의

파스타는 재료, 건조, 형태, 조리법에 따라 크게 네 가지 관점으로 분류할 수 있다.

파스타의 역사를 알아보기 전에 먼저 파스타를 분류해 보도록 하자.

첫째, 파스타의 재료에 따라 구별할 수 있다.

파스타를 만드는 재료는 경질 밀가루, 연질 밀가루, 메밀, 도토리가루, 잡곡, 감자, 옥수수, 밤, 디 그라노 아르소 등이 있다. 메밀을 주재료로 만든 '피초케리^{Pizzoccheri}', 감자를 주재료로 만든 '뇨키^{Gnocchi}', 도토리 가루나 밤가루를 주재료로 만든 '카바텔리^{Cavatelli}'가 있다. 카바텔리는 오늘날 대부분 세몰리나 가루로 대체해서 만든다. 풀리아 지역에서는 카바텔리를 디 그라노 아르소^{Di grano arso}라는 가루로 만드는데 이는 밀을 숯불에 구운 다음 가루로 낸 숯향이 진하게 나는 검은색 가루이다.

둘째, 건조 유무에 따라 '건조 파스타'와 '생파스타'로 나눈다.

이 두 파스타를 만드는 밀가루는 종류가 다르다. 건조 파스타는 경질 밀가루인 듀럼 세몰리나에 물을 첨가하여 만들고, 생파스타는 연질 밀가루에 달걀과 올리브오일, 소금을 넣어 만든다.

셋째, 파스타의 형태[14p]**에 따라 나눌 수 있다.**

가늘고 긴 원통형 파스타, 길고 평평한 파스타, 구멍 뚫린 튜브모양의 긴 파스타, 짧은 튜브 모양 파스타, 짧은 모양 파스타, 속을 채운 파스타, 수프용 파스타, 스탬프로 찍어 표면에 문양을 넣는 파스타, 수타면, 뇨키 · 알갱이형 파스타가 있다.

넷째, 조리법에 따라 세 가지로 나눈다.

❶ 우리가 일반적으로 먹는 삶은 면과 소스를 버무린 파스타로 '파스타 아시우타[Pasta asciutta]'이다.

❷ 수프에 넣어 먹는 수프 파스타로 '파스타 인 브로도[Pasta in brodo]'이다.

❸ 파스타에 소스를 얹어 오븐에 구운 파스타로 '파스타 알 포르노[Pasta al forno]'가 있다.

파스타는 이탈리아어로 '임파스타레 Impastare'로 곡물 가루와 물을 섞어 반죽해 삶거나 찌는 방법으로 먹는 이탈리아의 국수이다.

파스타를 네 가지 관점으로 분류하여 보았다. 이것을 종합하여 파스타를 다음과 같이 간략하게 정의하였다. '파스타는 곡물 가루와 물을 섞어 반죽해 다양한 모양으로 만들어 익혀 먹는 이탈리아 국수'이다.

2. 파스타의 역사

그리스에서 밀을 분쇄해서 만든 것이 국수의 원형이 되었으며 이것이 다시 중동에 영향을 미쳤다. 이후, 중동의 이슬람 세력이 강해지면서 지중해에 영향을 미쳤고 그들의 주식인 건국수문화도 전파되었다. 시간이 흘러 이슬람 세력이 시칠리아를 지배하면서 중동지역의 건조 국수문화가 시칠리아에 전파되었다.

파스타의 재료인 밀의 원산지는 동지중해 연안에서 자생했다. 자생하던 밀 종자 중 밀 알갱이가 땅에 떨어지지 않고 매달려 있어 수확이 가능한 밀 종자를 발견한 이후 인류는 기원전 8000년경에 메소포타미아에서 밀을 재배하기 시작하였다. 밀 재배는 서지중해에 있는 이집트, 그리스로 퍼져갔으며 이후 로마 문명의 식생활에 많은 영향을 미쳤다.

이탈리아 반도에는 기원전 2000년경 인도유럽계 민족이 들어왔고 기원전 1500~1000년 경에 로마를 건국한 라틴인인 이탈리아인들이 들어와 살았다. 이후 고대 로마인들은 그리스인들에게 빵 만드는 법을 전수받아 밀가루를 물과 함께 반죽해 피자 같은 형태의 '라가네Lagane'를 만들고 반죽을 잘라 사이사이에 양념한 고기를 넣어 오븐에 굽거나 가늘게 썰어 기름에 튀겨서 먹었다. 고대 로마의 파스타는 '파스타의 원형'이라는 의미를 갖는다. 고대의 파스타는 오늘날의 파스타처럼 물에 삶아 소스에 버무려 먹는 방법이 존재하지 않았다.

파스타를 지칭하는 단어는 그리스어에서 유래해서 라틴어와 아랍어 그리고 시칠리아어가 되었다. 이를 통해 파스타의 원형은 그리스인 것을 알 수 있다.

2세기경 그리스어로 '이트리온Itrion' ⇒ 라틴어의 '이트리움Itrium' ⇒ 499년 작성된 〈바빌로니아 탈무드〉에도 '트리에스Trijes'와 '베르미셸시Vermishelsh' ⇒ 1000년경 아랍어로 쓴 의학서적에 '이트리야Itriyya' ⇒ 시칠리아 '트리아Tria'

파스타를 뜻하는 단어는 2세기경 그리스 의사 갈레노스의 저서에 최초로 언급되었다. 그리스어로 '이트리온Itrion'이란 단어이다. 〈예루살렘 탈무드〉에 기록된 라틴어의 '이트리움Itrium'과 같은 뜻이다. 이트리움은 삶은 반죽 종류로, 팔레스타인 지역에서 2~5세기까지 즐겨 먹었다. 499년 작성된 〈바빌로니아 탈무드〉에도 '트리에스Trijes'와 '베르미셸시Vermishelsh'라는 단어가 나타난다. 11세기 북부 프랑스에 살던 유대인 문헌에도 베르미셸시가 나타난다. 이를 통해 1000년경 이탈리아에 실모양의 파스타인 베르미첼리가 존재했음을 알 수 있다. 그리고 10세기 중반 튀니지의 한 유대인 의사가 아랍어로 쓴 의학서적에서 '이트리야Itriyya'에 대해 언급하였다. 그는 '이트리야'에 대하여 "밀가루 반죽을 길고 가늘게 만든 뒤 건조하여 보관하다가 끓는 물에 넣어 익혀 먹는 음식이다"라고 설명하였다. 아랍에서는 파스타를 '이트리야'라 부르고 시칠리아에선 같은 의미의 단어로 '트리아 Tria'라고 부른다. 지금도 시칠리아에서는 카펠리 디 안젤로(천사의 머리카락)와 같은 얇고 가느다란 스파게티를 '트리아'라고 부른다.

게르만족의 침략과 로마제국의 멸망으로 이탈리아 '파스타의 원형'은 암흑기에 들어서게 되었다.

유럽 북부와 동부에 있던 게르만족은 4~6세기에 로마제국으로 쳐들어오게 된다. 이후 로마제국은 395년에 동서로 분열되고 게르만족의 오도아케르에 의해 서로마제국이 476년에 멸망한다. 로마제국이 붕괴된 이후 이탈리아에는 여러 게르만족이 침입하고 몇 번이나 되풀이되는 전란으로 인해 농경지가 심하게 황폐해지면서 밀농사도 사실상 어렵게 되었다. 이로 인해 중세에서는 초기 몇 백 년 동안 지배계층만 밀가루 빵을 먹었으며 피지배계층은 스펠트 밀, 보리, 귀리, 수수, 조, 피 같은 잡곡으로 만든 빵이나 채소나 콩, 고기 등을 넣은 수프인 미네스트라Minestra를 먹었다. 게르만족의 통치기간 동안 밀을 빻아 가루로 만들고 물에 반죽하여 파스타의 원형을 만들어 먹는 것이 오랫동안 불가능했다.

고전문화가 부흥하고 '12세기 르네상스'라고 부르는 문화운동과 함께 파스타가 부활하게 되었다. 이때 등장한 파스타는 로마시대의 굽거나 튀기는 것이 아니라 물에 넣고 조리하는 '근대적인 파스타'였다.

재등장한 파스타는 물에 넣고 조리하는 '근대적인 파스타'이다. 이때 파스타는 우유나 닭고기 수프에 넣고 삶았다. 또한 파스타에 치즈를 넣음으로써 맛과 영양학적으로 뛰어난 음식으로 탄생하게 되었다.

3. 북이탈리아의 생파스타

중세시대(10~12세기경)에 이탈리아에서는 생파스타와 건조 파스타가 연이어 탄생하였다. 북이탈리아에서 만두 파스타, 뇨키, 짧은 파스타, 긴 파스타 등의 생파스타가 나타나기 시작하였고 오늘날의 '물과 결합'의 개념이 있는 조리방법으로 요리하게 되었다.

생파스타가 생겨난 지역은 북이탈리아이다. 중세 초기부터 남이탈리아에서는 경질밀을 재배하였고, 북이탈리아에서는 포강 유역 평야에서 연질밀을 재배하였다. 북이탈리아의 어머니들은 연질밀로 만든 밀가루에 달걀 혹은 물을 넣어 반죽하여 파스타를 만들었다. 처음에는 축제나 기념일에 먹는 특별식이었으나 점차 연질밀의 수확이 늘어나고 또한 제분기술의 발달로 밀가루를 구하기 쉽게 되면서 일상식이 되었다.

북이탈리아의 넓은 평야에서 나오는 넉넉한 식량은 건조 파스타 같은 저장식량은 필요로 하지 않았고 밀가루에 달걀을 넣은 생파스타를 더 선호했으며, 지금도 마찬가지다.

북이탈리아의 에밀리아, 롬바르디아, 베네토 등은 대평원에서 나오는 넉넉한 식량을 갖고 있어 건조 파스타 같은 식량이 필요하지 않았다. 대신, 농가의 주부가 만드는 생파스타를 더 선호하였다.

라가네^{Lagane}는 모든 생면 파스타의 원조라고 할 수 있다.

라가네^{Lagane}는 그리스어 '라가논^{Laganon}'에서 라틴어 '라가눔^{Laganum}'을 거쳐 생겨난 말이다. 라가눔은 듀럼 밀가루에 각종 향신료를 섞어 반죽하여 올리브오일에 튀겨 먹었던 음식이다. 14세기에 와서야 우리가 먹는 비슷한 형태의 라가네가 등장한다. 라가네는 모든 생면 파스타의 원조라고 할 수 있다. '라가논'에서 시작된 것이 세월이 흐르면서 다양한 크기와 모양으로 변형되어 탈리아텔레 등의 평평한 롱 파스타의 원조가 되었다. 라가네를 가늘게 자른 것을 라가넬레^{Laganelle}라고 한다. 이 라가넬레는 '작은 라가네'라는 의미이다.

4. 남이탈리아의 건조 파스타

건조 파스타는 아랍인들의 지배를 받은 남이탈리아의 시칠리아에서 탄생하였다.

고대부터 현대까지 남이탈리아는 북이탈리아와 다른 역사적 배경을 가지고 성장해 왔다. 서로마제국이 멸망한 뒤 북이탈리아는 게르만족의 일파인 랑고바르드족의 지배를 받았고 남이탈리아는 동로마제국(비잔틴)의 지배를 받았다. 아랍인의 이슬람세력은 7세기 이후부터 지중해 지역을 꾸준히 침략하였고 9세기에 비잔틴의 영토인 시칠리아 영토를 차지하였다. 이후 11세기 전반까지 남이탈리아의 시칠리아는 이슬람 지배하에 있었다. 이렇게 해서 이슬람의 국수문화에 영향을 받은 시칠리아는 건조 파스타를 만들기 시작하였다.

이탈리아 건조 파스타의 모든 기원이 아랍인들의 건조 파스타에 있다는 가설에 대한 근거는 다음과 같다.

신선한 파스타는 이동과 보관이 쉽지 않다. 햇볕이 쨍쨍한 사막에서 아랍인들은 음식을 말려 보관하는 것이 익숙한 사람들이다. 아라비아 상인들은 사막을 횡단하기 위한 식량으로 운반이 쉽고 요리하기 쉬운 식량으로 밀가루 반죽을 얇게 밀어 아주 가늘게 만들어 건조시켜 가지고 다녔다. 여행 중에 배고프면 끓는 물에 건조 파스타를 던져 넣으면 끝이다. 건조 파스타는 이런 방식으로 시작되었을 것으로 역사학자들은 추론한다.

시칠리아섬의 팔레르모는 건조 파스타의 발상지가 되었고 막대한 양의 파스타를 수출하였다.

시칠리아가 건조 파스타의 발상지가 되었고 막대한 양의 파스타를 이탈리아 본국과 지중해에 있는 이슬람 국가나 기독교 국가에 수출할 수 있었던 것은 3가지 이유 때문이다.

첫째, 건조 파스타의 재료인 경질밀(그라노두로)을 재배하거나 건조하는 데 좋은 기후를 갖고 있었다. 일 년 내내 햇볕이 내리쬐는 건조한 날씨와 지중해에서 불어오는 강한 해풍은 파스타를 건조시키기에 최적의 조건이었다.

둘째, 노르만족이 시칠리아를 정복하고도 이슬람인들을 쫓아내지 않고 포용했다. 바이킹이라고도 불리던 북방의 노르만족인 알타빌라 가문의 루제로가 1072년 팔레르모를 정복하고도 이슬람교도들을 추방하지 않고 행정기구에 중용시키면서 그들의 과학기술과 문명을 받아들였던 것이다. 이후, 12세기 말 노르만왕조 말기까지 이슬람교도와 기독교도는 평화롭게 공존하였다. 시칠리아의 팔레르모에서는 이슬람교도들이 시칠리아 사람들과 같이 건조 파스타를 만들어 먹었고 이곳은 건조 파스타의 발상지가 되었다.

셋째, 지정학적으로 수입과 수출이 가능한 항구도시였다. 파스타 제조소들은 바닷가에서 번창했고 이들은 해상 경로로 부족한 밀을 수입하여 파스타를 제조하고 바닷길로 수출을 하였다. 1154년 알 이드리시에 의하면 시칠리아의 수도 팔레르모에서 30킬로 떨어진 트리비아에서는 어마어마한 양의 파스타를 수출하였다고 한다.

시칠리아의 왕 루제로 2세가 중용한 아랍의 알 이드리시라는 지리학자가 1154년경에 집필한 〈루제로의 책〉에 다음과 같은 글을 남겼다. "팔레르모에서는 실모양의 파스타를 많은 양을 생산하고 있으며, 이를 이탈리아 칼라브리아 지방과 본국 및 무슬림들의 시장에도 수출하고 있다"라고 언급하여 이미 그 당시부터 시칠리아의 팔레르모에서 파스타를 수출하였음을 알 수 있다.

건조 파스타는 선원들을 위한 저장식량으로 이용되었고 콜럼버스의 3대 범선인 니나호, 핀타호, 산타마리아호에서 콜럼버스가 아메리카 대륙을 발견할 때까지 배에서 먹는 든든한 식량이었다.

시칠리아의 뱃사람들이 항해하는 동안 주식으로 먹은 것은 두꺼운 마카로니였고, 리구리아 뱃사람들은 작고 둥글게 만 베르미첼리였다. 리구리아 제노바 상인들은 베르미첼리를 전 유럽에 수출했고, 14세기 프로방스와 영국에도 이 파스타를 수출했다. 건조 파스타는 해상

도시에서 만들어진 상품이었고, 뱃사람들의 든든한 식량이었다.

5. 파스타의 발전

건조 파스타는 시칠리아의 팔레르모에서 태어났고 지중해 북서부 제노바에서 청년으로 자라났다. 그리고 어른으로 성장한 것은 풀리아 주의 나폴리이다.

시칠리아의 팔레르모에서 건조 파스타를 생산하기 시작한 후에 이탈리아 북부 리구리아 지방의 제노바에서도 파스타를 생산하였고 나폴리에서도 생산을 시작하였다. 14, 15세기에는 남부 이탈리아에서 생산이 활발하였고, 1574년에는 제노바에 파스타 제조업자들의 조합이 최초로 설립되었다. 나폴리 지역은 뜨거운 태양과 상쾌한 해풍으로 인해 좋은 품질의 파스타를 만들었고 이탈리아 파스타 생산거점의 최선봉에 서 있었다.

이탈리아는 건조 파스타를 남부의 경질밀로 제조하였고 부족한 경질밀은 수입하여 파스타를 만들었다. 리구리아의 제노바 사람들은 건조 파스타를 만드는 경질밀을 자체 생산한 밀을 사용하지 않고 러시아에서 수입해서 사용했다. 수입한 밀은 타간로크^{Taganrog}로 우크라이나산이었지만 아조프 해를 바라보고 있는 러시아 로스토프 주의 도시 타간로크에서 선적되어 밀의 이름이 타간로크가 되었다.

리구리아의 제노바에서는 러시아에서 밀을 수입하여 파스타를 제조하였다. 제노바의 기후는 나폴리의 기후와 비슷하여 파스타를 건조하기에 좋았다. 볼셰비키 혁명 전까지 이들은 타간로크를 수입하였다. 하지만 1917년 러시아 혁명 이후 아조프해 지역은 식량난으로 농민들이 배고픔에 지쳐 밀 종자까지 먹어치우게 되어 타간로크의 흔적을 찾아볼 수 없게 되었다. 사람들은 지금도 질 좋고 단백질이 많이 함유된 타간로크를 파스타를 만들기 위한 최고의 밀로 기억한다.

파스타만 파는 가게들의 협동조합 중 가장 먼저 생긴 곳은 제노바(1574년)였다.

파스타 협동조합은 제노바가 1574년, 사보나가 1577년, 나폴리가 1579년, 팔레르모가 1605년, 로마가 1646년 순으로 생겼다. 파스타가 최초로 생산된 팔레르모에는 오히려 파스타 생산자 조합이 늦게 생겨났는데 이는 시간이 흘러 다른 지역에 파스타가 전파되었고 전파된 곳에서 더 많은 파스타를 생산하였음을 알 수 있다.

미국에서 파스타가 중요한 식재료로 인정받게 된 것은 미국사람들이 미트볼 스파게티에 열광하고 난 다음부터이다.

오래된 사전들은 스파게티와 마카로니를 같은 종류로 분류하였다. 하지만 미국에서 미트볼 스파게티가 인기를 얻고 난 후 스파게티는 이탈리아를 대표하는 파스타가 되었다. 결정적으로 1929년의 대공황 시기에 미트볼 스파게티가 서민들의 경제적인 음식으로 인정받으면서 스파게티는 미국인들의 가장 중요한 식재료 중 하나가 되었다.

스파게티의 보급에 가장 큰 역할을 한 것이 군인들이다.

미국 육군과 해군이 군인들의 식량으로 스파게티를 결정한 후 엄청난 양의 스파게티가 소비되었다. 1896년도의 조리법은 우리가 알고 있는 파스타 조리법과 차이가 있다. 그들은 끓는 물에 양파와 스파게티를 함께 넣고 삶아 익힌 뒤 겨자와 치즈로 간을 하였다. 파스타 익히는 시간도 무척 길었는데 1932년에 출간된 〈미국 해군 요리(U.S. Navy Cook Book)〉에서는 30분간 푹 삶았다. 그리고 스파게티가 익은 것을 확인하기 위해 포크로 스파게티를 건져 싱크대 위의 벽에 던져 스파게티가 벽에 잘 달라붙어 있으면 잘 익은 것으로 판단하였다. 우리나라도 미군의 영향으로 몇 십 년 전에는 주방에서 이렇게 가르쳤었다.

스파게티의 보급에 가장 큰 영향을 끼친 것은 전성기의 이탈리아 영화이다.

소피아 로렌이 스파게티를 관능적으로 바라보면서 입에 넣는 모습, 1954년 알베르토 소르디는 〈로마의 미국인〉이라는 영화에서 커다란 접시에 담긴 스파게티에 포크를 꽂아 넣는 모습, 지나 롤로브리지다 & 클라우디아 카르디날레 & 토토 등이 스파게티의 성공에 크게 기여했다. 미국에서 상영된 이탈리아식 서부영화들은 '스파게티 웨스턴Spaghetti Western'이라는 별명까지 붙여졌다.

우주선의 음식 창고에는 냉동 건조된 미트볼 스파게티가 있다.

나사^{Nasa}에서 준비한 우주 비행사들의 식량에는 스파게티가 들어 있다. 아폴로 11호의 닐 암스트롱, 버즈 올드린, 마이클 콜린스는 미트볼 스파게티를 가지고 달 탐사에 나섰다. 우주 탐험에도 스파게티가 중요한 식량자원으로 자리매김하고 있다.

앞으로도 창의적인 파스타요리가 계속 만들어질 것이다. 우리는 파스타와 소스를 가지고 레고의 벽돌처럼 무수한 변화를 주어 다양한 맛의 파스타요리를 만들 수 있다.

파스타의 형태별 종류만 해도 1,500가지가 되고 소스 또한 크림소스, 오일소스, 채소소스, 고기소스, 토마토 소스, 퓌레소스, 숙성된 돼지고기소스, 해물소스 등으로 다양하다. 이 재료들을 레고의 벽돌처럼 다양한 형태로 결합할 수 있다. 파스타의 본고장인 이탈리아뿐만 아니라 많은 외국인들도 파스타를 다양한 형태로 만들어 먹고 있다.

Pasta Timeline 파스타의 연대표

BC 8000	동지중해에서 자생하던 밀을 메소포타미아 사람들이 재배하기 시작
BC 509	로마 공화정 성립
2세기	'아테네오^{Ateneo}'가 기록한 라가눔^{Laganum}조리법 밀가루에 상추즙과 향료를 넣고 반죽하여 얇게 만들어 튀긴다고 기록
2~5세기	이트리온이 팔레스티나에 널리 알려져 있었음 499년 〈바빌로니아 탈무드〉 '트리에스^{Trijes}'와 베르미셸시^{Vermishelsh}'가 동시에 등장
313	콘스탄티누스 황제의 기독교 공인
5세기	로마시대의 요리사 아피초^{Apicio}의 기록: 아피초의 라사냐 몇 장의 파스타 사이에 간 고기를 채워 넣고 화덕에 넣어 굽는 것
10~12세기	생파스타와 건조 파스타가 나타났다고 보는 시기 10세기 남아메리카에서 유럽으로 토마토 전래
902	이슬람 왕조(아글라브 왕조)가 시칠리아 섬 전체를 지배함
10세기 중반	튀니지의 한 유대인 의사의 아랍어 의학서적 "이트리야는 밀가루 반죽을 길고 가느다랗게 만든 뒤 끓는 물에 익혀 먹는 음식"
11세기	북부 프랑스에 살던 유대인의 문헌에 이탈리아에 기원을 두고 있는 '베르미셸시' 언급을 통해 서기 1000년경 이탈리아에 베르미첼리가 존재했음을 확신
12~14세기 초	이탈리아에서 '마카로니'라는 말은 모든 파스타 종류를 뜻하는 단어로 사용 1800년대 이후 이탈리아에서 요리명칭을 정리하면서 밀가루 반죽으로 만드는 면류는 '파스타'로 부르고 마카로니는 특정한 파스타를 부르는 것으로 의미를 축소함 지드키야 아노^{Zidqiyah Anaw}는 로마의 유대인이 금식기간에 먹은 파스타에 대하여 다음과 같이 언급하였다.
1200년대 중반	"마케로니를 끓는 물에 넣어 카초 치즈를 뿌려 먹었고, 일상생활에서는 고기와 치즈를 채운 토르텔리와 마케로니를 먹었다." 지드키야 아노^{Zidqiyah Anaw} 로마의 유대인이 금식기간에 "끓는 물에 익힌 마케로니에 카초 치즈를 얹어 먹었다. 평상시에 고기와 치즈를 채운 토르텔리와 마케로니를 먹었다.
1279	제노바의 '우골리노 스카르파'라는 사람의 재산목록에 '마카로니로 가득한 바구니' 기록 마케로니^{Maccheroni} 단어 처음으로 등장한 문헌
1154년경	1. 알 이드리시의 〈루제로의 책〉이 발간된 시기를 문헌학적인 차원에서 "스파게티가 탄생한 해"로 볼 수 있음 2. 알 이드리시의 기록 "시칠리아 트라비아에서 엄청난 양의 베르미첼리를 생산하여 칼라브리아, 무슬림, 그리스도교의 나라로 수출한다"
1363	제노바에서 파스타를 거르기 위한 구멍 뚫린 국자가 처음으로 언급됨
1380년경	트레비에 살던 랍비 야코브 물린 세갈은 '그라노두로(듀럼밀)로 만든 베르미첼리, 페투치네라는 파스타를 조리해 먹었다는 기록이 있음
15세기	모로코의 페스에 살던 유대인들이 고기국물 혹은 아몬드우유에 넣어 베르미셸시를 요리해 먹음 리소토 레시피 발견됨
1400년대	다른 민족도 국수 모양 파스타를 먹었다는 증거 발칸반도를 침범한 터키인들을 피해 이탈리아에 정착한 알바니아인들의 음식문화에 '슈트리델라트'라는 아주 기다란 스파게티가 있다. 지금도 아브루초주와 라치오주, 시칠리아에 있는 피아나 델리 알바네지에서 슈트리델라트를 찾아볼 수 있다.

15세기 중반	코모의 마르티노의 〈요리의 기술〉에서 3가지 파스타 조리법 소개
1473년경	레오나르도 다빈치는 스파게티 제면기 설계도를 그림 레오나르도 다빈치는 공방 견습생 시절 '세 마리 달팽이'라는 이름의 음식점 주방에서 근무
1492	콜럼버스의 신대륙 발견
1500~1600	1. 파스타가 이탈리아 전역에 주식으로 확산 ① 캄파니아주의 나폴리에서 전염병으로 수많은 가축들이 죽고 물자공급 부족으로 심각한 식량 　난에 빠지면서 고기를 채소에 싸서 먹던 식습관을 버리고 파스타를 주식으로 선택 ② 파스타에 치즈를 넣어 먹으면서 영양문제도 해결
16세기 중반~17세기	도시마다 파스타 길드 형성
1554	이탈리아에 토마토 전래
1570	바르톨로메오 스카피의 〈오페라〉에 파스타 레시피 수록
1574	제노바에 파스타 제조업자들의 조합이 최초로 설립됨
1584	에스테 가문의 식사에 토르텔리 제공
1598	이탈리아계 영국인 존 플로리오가 편찬한 이-영 사전 1. 벨르미첼리를 설명하면서 동의어로 탈리아리니 언급 2. 파스타를 끓는 물에 익혀 물속에 1시간가량 담가두는 조리법 사용. 이는 아랍인들의 조리법이 　었던 것으로 추측됨. 이런 방법은 중세 말기에서 근대까지 유지됨
16세기 말	기계식 그라몰라와 토르키오 생산
17세기 초	조반니 델 쿠르코는 '알덴테'에 대하여 설명
1602	1600부터 1900까지 마케로니와 뇨키는 오랫동안 서로 비슷한 것으로 표현되었다. 1. "뇨키라고도 부르는 마케로니는" 2. 1908년 소초뇨의 베네치아 요리책: 뇨키=마카로니 3. 아브루초주와 마르케주에서는 마케로니를 '탈리올리니' 혹은 '마케로니 알라 키타라'라고 불렀음
17세기 말	나폴리의 안토니오 라티니가 토마토 소스 레시피 개발 나폴리에서 '베르미첼리' 유행
1700년대	이탈리아 남부에서 파스타 중 스파게티 같은 드라이 파스타가 생기기 시작 이탈리아 중북부지역에서 파르마를 비롯한 에밀리아 지방에서 생파스타가 발달하기 시작
1740	제노바에 이탈리아 최초의 제면공장이 세워짐
1747	매시트포테이토 레시피
1790	파스타에 토마토 소스 적용한 레시피 나옴
1800년대	스파게티라는 단어 등장
1848	페스토 레시피
1891	펠레그리노 아르투지의 〈요리의 과학과 훌륭한 식사를 위한 기술〉책은 통일된 '이탈리아 요리'를 탄생시켰고 스파게티 단어를 유명하게 만들었으며 스파게티를 이탈리아의 가장 대표적인 파스타 로 만들었다. 이 책에 '알 덴테' 개념이 정립되어 있음
1800년대 말~1900년대	파스타 생산의 산업화로 파스타의 생산량이 폭발적으로 증가
1946	이탈리아 공화국 탄생
1953	Maria Lo Pinto's Art of Italian Cooking에 카르보나라 스파게티 레시피 실림

Chapter 2

파스타 재료 이야기 Story of pasta ingredient

1. 토마토 Pomodoro/Tomato

이탈리아 사람들이 처음으로 토마토를 요리에 사용했다.

토마토는 10세기에 남아메리카에서 유럽으로 전래되었고, 이탈리아에는 1554년에 전해졌다. 당시 토마토는 체리 정도의 크기로 노랗고 아린 맛이 강했다. 토마토의 맛과 모양이 당시에는 좀처럼 보지 못했던 것이어서 '토마토=독'이라는 인식이 강했다. 이런 토마토를 나폴리Napoli 지방에서 식용이 가능하도록 개량하였다. 18세기 후반~19세기 초반이 되어서야 대량 생산되었고 가격이 떨어져 파스타와 피자에 많이 사용하였다. 토마토의 붉은 색소는 카로티노이드Carotinoid계의 리코펜Lycopene 성분이며 이 성분에 항암효과가 있어 세계의 10대 슈퍼푸드로 토마토가 인정되었다.

이탈리아 최상의 가공용 토마토는 산마르차노 토마토Pomodoro San Marzano이다.

이탈리아 나폴리에서 멀지 않은 곳에 위치한 베수비오 산의 화산분지에서 재배되는 품종이 산마르차노 토마토이며 가지 하나에 10개 정도의 토마토가 덩굴로 매달려 있고 모양은 달걀처럼 길쭉하다. 이 품종이 토마토 소스 가공품으로 적합한 이유는 단단한 과육을 갖고 있고 다른 토마토와 같은 크기에 비해 과육이 많고 씨가 적은데다가 가열해도 붉은색이 변하지 않기 때문이다.

2. 치즈 Formaggio/Cheese

치즈는 요리에 영양을 더해주는 식재료이다.

치즈는 단백질, 지질, 당질 등이 풍부하여 스파게티에 넣으면 영양을 풍부하게 해준다. 치즈는 경질치즈 Hard cheese, 연질치즈 Soft cheese, 생치즈 Fresh cheese, 가공치즈의 4종류로 분류된다. 경질치즈는 장기 숙성 치즈로 파르미자노 Parmigiano, 그라나파다노 Grana padano, 토마 Toma, 페코리노 로마노 Pecorino romano 등이 있다. 연질치즈는 비교적 단기간에 숙성하는 치즈로 고르곤촐라, 벨 파에제 Bel paese 등이 있다. 생치즈는 숙성되지 않게 제조하는 것으로 모차렐라, 마스카르포네 등이 있다. 가공치즈는 아메리칸 치즈, 훈제치즈 등이 있다.

진짜 모차렐라 치즈 Mozzarella cheese는 전통방식으로 순수 물소 젖을 짜낸 우유로 만들어지고, 유사 모차렐라 치즈는 젖소 우유로 만들어지며 이탈리아에서는 "피오르 디 라테 Fior di latte"라고 한다.

이탈리아 파에스툼 Paestum에서 살레르노 Salerno만에 이르는 습지에서 물소들이 살게 된 것은 6~7세기경 정치적 · 경제적 혼란을 피해 롱고바르드족이 물소를 끌고 이 지역에 정착했기 때문이다. 나폴리, 캄파냐 지역에서 물소의 젖으로 모차렐라 Mozzarella 치즈를 제조하였고 세계적으로 유명한 치즈가 되었다. 물소의 우유로 모차렐라 치즈를 만들다가 제2차 세계대전 이후 물소의 개체수가 줄고 수요는 늘어 젖소의 우유로 모차렐라 치즈를 만들게 되었다.

파르마 지역에서 생산되는 파르메산 Parmesan 치즈는 스파게티에 가장 많이 제공되는 치즈이다.

볼로냐 북서쪽의 파르마 지역에서 젖소를 방목하여 4~11월 중에 파르메산 치즈를 생산한다. 이 치즈는 700년 동안 동일한 제조방법으로 만들어지고 있다. 파르네산 치즈 한 덩어리가 25~30kg으로 4,000~5,000리터의 우유를 사용한다. 치즈의 숙성기간에 따라 2년 이하는 조바네 Giovane 혹은 프레스코 Fresco, 3년 이하는 베키오 Vecchio, 4~5년은 티피코 Tipico, 6년 이상은 스트라베키오^{Stravecchio}라고 한다.

이탈리아 사람들은 파스타에 파르메산 치즈를 즐겨 뿌려 먹으나 해산물이 들어간 경우에는 좀처럼 사용하지 않는다.

이탈리아 사람들은 주로 파르메산 치즈를 파스타에 첨가하여 먹는다. 단, 해산물이 들어간 파스타에는 뿌리지 않는다. 그 이유는 파르메산 치즈를 뿌리면 해산물 고유의 맛과 향을 느낄 수 없기 때문이다.

알프스 주변에서 방목된 젖소의 우유만으로 만든, 푸른 곰팡이가 박혀 있는 고르곤촐라^{Gorgonzola} **치즈는 식탁에서 최고의 치즈로 평가받는다.**

알프스의 찬 겨울바람과 눈보라를 피해 소떼들이 겨울을 나는 롬바르디아의 '고르곤촐라'라는 마을에서 1879년에 처음 생산되었다. 파스타 소스나 뇨키 소스를 만들기 위한 중요한 재료이다.

3. 바질^{Basilico/Basil}

파스타에서 이탈리아의 맛을 느끼게 해주는 바질은 가장 중요한 향신료이다.

바질은 '국왕의^{Regal}'라는 뜻으로 그리스어 바실리코스^{Basilikos}에서 온 것이다. 바질은 허브 종류 중에서 왕이라고 할 정도로 최고이다. 토마토의 붉은색과 바질의 녹색이 어우러져 맛과 색채가 아름다운 음식이 만들어진다.

4. 올리브오일^{Olio/Olive oil}

대체의학에서 해결할 수 없는 것이 혈관 건강에 관한 것인데 올리브오일 섭취만으로 혈관 및 심장 관련 질환의 예방에 탁월한 효과가 있다.

올리브오일에는 혈관 및 심장 관련 질환에 좋은 리놀렌산, 스쿠알렌, 비타민 등이 풍부하다. 또한, 소화가 잘되는 불포화지방으로 구성되어 있어 불포화지방의 소화, 흡수, 배출을 촉진시킨다. 이탈리아 사람들이 건강한 이유는 조리할 때부터 완성 후까지 올리브오일을 사용하고 뿌려서 먹기 때문이다.

올리브오일은 크게 3가지로 구분한다. 처음 압착해서 짠 엑스트라 버진 올리브오일이 있고, 올리브 열매 짠 것을 모아 마지막으로 더 짜거나 마지막으로 짠 것을 정제한 퓨어 올리브오일이 있다.

엑스트라 버진 올리브오일Extra virgin olive oil은 올리브 열매를 처음 압착한 것으로 지방산도는 최고 1% 미만이며 가장 풍미가 좋은 오일이다. 파인버진 올리브오일Fine virgin olive oil은 올리브 열매를 압착한 것으로 지방산도는 1.5%이며, 버진 올리브오일Virgin olive oil은 올리브 열매를 압착한 것으로 지방산도는 2%까지 허용되며 일반 볶음용에 사용한다.

퓨어 올리브오일Pure olive oil은 올리브 열매에서 마지막으로 짠 것으로 지방산도는 3%까지 허용하며 튀김용으로 사용한다.

반죽에 올리브오일을 넣으면 다음과 같은 효과가 있다. 첫째, 반죽에 윤기가 나며 둘째, 수축되지 않는 부드러운 반죽이 된다.

반죽에 올리브오일을 넣으면 오일의 향이 나고 윤기가 나며 부드러운 반죽이 된다. 그렇지만 많이 넣으면 밀가루의 향을 느낄 수 없고 글루텐의 힘이 약해지므로 적당한 양을 넣어야 한다.

중성적인 반죽을 만들고 싶을 때에는 올리브오일을 넣지 않는다.

다양한 모양파스타를 만들 수 있는 중성적인 반죽을 만들 때에는 올리브오일을 넣지 않는다. 다양한 모양파스타용 반죽은 '00밀가루, 세몰리나 밀가루, 물, 소금'으로 만든다.

5. 발사믹 식초Balsamico/Balsamic

발사믹 식초는 '상쾌하다', '향이 좋다'의 뜻으로 걸쭉한 흑색으로 달고 부드러운 신맛이 특징이며 'Aceto balsamico di modena tradizionale'라는 문구가 병에 적혀 있는 것이 진짜이다.

이탈리아 북부 에밀리아-로마냐의 모데나 지방과 레조 에밀리아에서 100년 동안 동일한 전통적인 기법으로 만들고 있다. 흰색의 트레비아노Trebbiano종 포도를 건조시켜 농축시킨 후 압착하여 즙을 내고 끓여 걸쭉하게 만든 뒤 오크통에 넣어 1년 동안 숙성시킨 다음 뽕나무 혹은 밤나무로 만든 작은 통에 옮겨 1년 이상에서 100년까지 숙성시킨다. 향기와 풍미는 숙성기간이 오래될수록 좋아진다.

6. 프로슈토 햄Prosciutto/Prosciutto

프로슈토는 '건조한'의 뜻을 가진 라틴어 '페레수투스Perexutus'에서 유래되었으며 옛날에 냉장시설이 없어 돼지의 넓적다리살을 소금에 절여 건조해서 보관한 것이 이탈리아에서 가장 유명한 햄이 되었다.

프로슈토 햄은 프로슈토 크루도Prosciutto crudo와 프로슈토의 일종으로 에밀리아-로마냐 지방에서 제조되는 파르마Parma 햄이 있으며, 프로슈토 크루도를 소금에 절여 사각틀에 넣어 누른 후 오븐에서 스팀으로 구워낸 프로스토 코토Prosciutto cotto가 있다.

에밀리아-로마냐 지방에서 생산되어 파르마 햄의 재료가 되는 돼지는 파르메산 치즈를 만들고 남은 유청whey과 옥수수 등의 사료를 먹이고, 투스카니, 베네토, 캄파냐의 돼지는 스페인의 하몽 재료가 되는 돼지처럼 도토리를 먹여 사육한다.

이처럼 특별히 길러진 돼지로 만든 파르마 햄은 최상품의 햄이며 풍미와 육즙이 뛰어나다. 지역마다 생산되는 파르마 햄의 맛과 풍미는 그 지역의 사육방법에 따라 독특한 풍미를 지닌다.

7. 판체타 Pancetta/Bacon

판체타는 이탈리아 베이컨이라 불린다. 판체타 Pancetta**는 이탈리아어로 돼지 뱃살을 의미하는 판차**Pancia**, 영어로는 작은 뱃살**Little Belly**로도 표현하는데 이는 돼지 뱃살로 만든 제품을 뜻한다.**

판체타와 베이컨은 돼지고기를 소금양념에 절여 훈연하거나 삶아서 말린 육가공제품이다. 사용 부위로는 돼지의 뱃살, 등과 옆구리 살이다.

판체타는 베이컨과 차이를 보이는데 소금에 직접 절이는 방법과 향신료를 첨가해 향미를 배게 하는 것이 다르다.

판체타Pancetta는 돼지의 뱃살을 소금에 절여 만든다는 점에서 베이컨과 유사하나, 훈연과정을 거치지 않는다는 점에서 베이컨과 차이를 보인다. 소금에 절이는 과정에서도 차이가 나타난다. 전통 판체타는 반드시 돼지 뱃살에 소금을 직접 뿌려야 하지만 베이컨은 물에 소금을 풀어 돼지 뱃살을 담그는 방법을 사용하기도 한다. 또한 판체타는 후추, 정향, 너트메그, 회향 씨, 고수, 로즈메리, 주니퍼베리 등의 다양한 향신료를 첨가해서 향미를 충분히 살린다는 점도 베이컨과는 다르다.

판체타를 쉽게 만들 수 있는 방법을 2가지 소개하면 다음과 같다.

첫째, 넉넉한 향초 소금을 만들어 고기를 덮는 방법이다. 고기 10kg에 대하여 소금 2+설탕 1의 비율로 300~400g, 아로마틱Aromatic재료(로즈메리 15g, 마조람 10g, 오레가노 10g)를 섞어 고기를 완전히 덮어 냉장고에서 3일 동안 숙성시킨 후 허브양념을 깨끗하게 털어내어 진공 포장한다. 이후 필요한 만큼 썰어서 사용한다.

둘째, 통삼겹살 1.2kg에 맞게 양념을 계량하여 마리네이드하는 방법이다. 이렇게 하면 따로 향초소금을 제거할 필요가 없고 그냥 진공 포장하여 필요한 만큼 썰어서 사용하면 된다.

판체타 *pancetta*

Ingredients
통삼겹살 1.2kg, 통후추 15g+15g(반은 나중에 사용), 너트메그 3g, 주니퍼베리 7g, 흑설탕 13g, 소금 25g,
피클링 스파이스 5g, 타임 1ts, 으깬 마늘 1/2tsp, 월계수잎 3장

Instructions
1. 모든 재료를 거칠게 갈아낸다.
2. 통삼겹살에 골고루 바른다.
3. 밀폐형 비닐봉투 등으로 공기를 최소화하여 밀봉한 뒤 냉장고에서 3주일간 숙성시켜 삼겹살을 정선해서 완성한다.

8. 마늘 Aglio/Garlic

이탈리아의 시칠리아에서는 출산을 앞둔 산모가 건강하게 출산할 수 있도록 머리맡에 마늘을 걸어놓았다. 마늘은 액운을 물리치고 행운을 가져다주며 건강과 체력을 보충하는 것으로 알려졌다.

전 세계 사람들이 알고 있고 이용하고 있는 향미식품이 있다면 그것은 마늘이다. 또한 이탈리아에서도 양념 중 으뜸 조미료를 마늘로 인정하고 있으며 이탈리아의 지중해 요리, 나폴리 요리에 빠짐없이 사용되는 재료이다. 이러한 마늘의 가치를 17세기의 한 작가는 "Our doctor is a clove of garlic."이라 표현하고 있다. 마늘에는 건강에 좋은 다음과 같은 성분이 들어 있다. 단백질, 휘발성 기름(알리신, 디알릴디설파이드, 알리인과 시스테인 설폭사이드), A, B_1, B_2, C, 칼슘, 구리, 게르마늄, 철, 마그네슘, 망간, 인, 피토사이드, 칼륨, 셀레늄, 유황, 불포화 알데히드화합물, 아연, 효소 등

9. 이탈리아 밀가루 Farina di frumento/Italian Flour

각 나라마다 지역마다 재배되는 밀이 다르다. 미국에서는 경질밀가루가 많이 생산되는데 글루텐이 많이 함유되어 있어 밀가루 반죽에 설탕, 유지, 우유 등을 많이 넣는 고배합 반죽으

로 빵을 만들며, 단백질이 많아 부재료를 많이 넣어도 잘 부푼다. 유럽에서는 연질밀가루가 많이 생산되어 저배합 반죽으로 빵을 만들며 바게트 빵이 대표적이다. 파스타를 만드는 밀도 남부지역에서는 경질밀이 생산되고 북부지역은 연질밀이 생산되어 지역에 맞게 건조 파스타와 생파스타를 생산하게 된 것이다.

우리나라는 밀가루를 단백질 함량에 따라 박력분, 중력분, 강력분으로 구분한다. 상식적으로 박력분은 연질소맥으로 만들고 강력분은 경질소맥으로 제분한다고 생각한다. 그러나 이탈리아는 연질소맥으로 강력 · 중력 · 박력분을 모두 포함한다고 생각해야 한다.

이탈리아는 밀가루를 쓰임새에 따라 4가지로 구분한다.

첫째, Pizza용 밀가루 둘째, Dolci 디저트류 밀가루 셋째, Semola 파스타용 밀가루 넷째, Farina 밀가루이다. Farina는 밀가루라는 뜻으로 일반적인 밀가루는 모두 Farina로 표기한다. Semola용 파스타 밀가루를 빼놓고 Pizza용 밀가루, Dolci용 밀가루 등도 연질소맥으로 만든다. 피자용 밀가루를 생산하는 600년 전통의 이탈리아 피자 밀가루 생산 전문업체인 스파도니사Molino Spadoni는 연질소맥 100%로 다양한 글루텐 함유량의 Tipo 00 제품을 생산한다. 따라서 밀가루 포장의 성분 표시를 보고 밀가루를 선택해야 한다. 소맥은 작은 보리같이 생겼다는 뜻이고 대맥은 크다는 뜻이다. 소맥Wheat은 대맥Barley보다 작다.

이탈리아 스파도니사Molino Spadoni의 피자 밀가루			
주성분	타입	제품명	글루텐 함유량
연질소맥밀가루 100%	Tipo 00	Soft wheat flour 00 PZ1	9~11%
연질소맥밀가루 100%	Tipo 00	Soft wheat flour 00 PZ2	11~12.5%
연질소맥밀가루 100%	Tipo 00	Soft wheat flour 00 PZ3	12~13%
연질소맥밀가루 100%	Tipo 00	Soft wheat flour 00 PZ4	13.5~15.5%
연질소맥밀가루 100%	Tipo 00	Soft wheat flour 0 Manitoba Top Quality	14% 이상

이탈리아에서는 파스타를 '북쪽'의 연질밀Soft wheat로 만든 생파스타와 '남쪽'의 경질밀Hard wheat로 만든 건조 파스타로 나눈다. 북이탈리아에서는 건조하고 해가 강한 지역에서 자라는 경질밀 경작이 불가능하여 북부 지방과 파다나 평야에서 잘 자라는 연질밀을 재배할 수밖에 없었다. 북이탈리아 주민들은 연질밀밖에 손에 넣을 수 없자 집에서 연질밀가루를 반죽해서 생파스타를 만들었다. 남이탈리아는 일 년 내내 햇볕이 내리쬐는 건조한 날씨에 잘 자라는 경질밀을 재배하였다. 그리하여 10~12세기부터 만들어진 파스타는 연질밀로 만들어진 '북쪽의 달걀 파스타'와 경질밀로 만든 '남쪽의 건조 파스타'라는 식으로 나뉘게 되었다.

파스타에 사용하는 밀가루에는 두 종류가 있다. 바로 경질의 소맥과 연질의 소맥이다. 경질 소맥은 Semola라고도 하며, 연질 소맥은 달걀 파스타를 만들 때 사용한다. 경질 소맥의 낟알은 얇고 길고 연질 소맥의 낟알은 불투명하고 둥그렇다. 경질 소맥은 건조하고 해가 강한 이탈리아 남부지역에서 잘 자라고, 연질 소맥은 북부지방의 습한 기후에서도 잘 경작된다. 이러한 이유가 '북쪽의 달걀 파스타', 남쪽의 '건조 파스타'로 나뉘게 된 유일한 이유는 아니다. 북쪽 지역에서는 달걀이 풍부했지만, 남쪽 지역은 달걀이 매우 귀했다. 왜냐하면 북쪽 지역의 닭들은 일 년 내내 달걀을 낳을 수 있었지만 남쪽의 닭들은 추운 겨울을 지나 부활절이 돼서야 알을 낳기 시작했다. 그래서 남쪽 지방 주민들에게는 달걀이 귀하고 비쌌다. 반면 달걀을 언제든지 구할 수 있는 북쪽 지방에서는 달걀 파스타를 만들 때 밀가루 킬로그램당 10개의 달걀을 넣어 만들었는데, 이는 남쪽 지역 사람들에게는 상상도 할 수 없는 레시피였을 것이다. 달걀을 넣지 않고 많은 양의 건조 파스타를 만들려면 온전히 경질 소맥만으로 반죽을 해야 했다.

밀가루는 유럽의 많은 나라처럼 이탈리아에서는 연질밀Soft wheat을 기준으로 제분상태에 따라 밀가루 종류를 Type 00, Type 0, Type 1, Type 2, integrale로 구분한다. 연질 밀가루가 은빛이라면 듀럼밀 세몰리나는 노란 금빛을 띤다. 직접 손으로 만져보면 연질 밀가루는 부드럽고 세몰리나는 거친 질감을 느낄 수 있다.

이탈리아는 밀 종류를 'Semola' 또는 'Grano duro'라고 부르는 경질밀과 부드러운 곡류를 뜻하는 'Grano tenero'로 표시되는 연질밀로 구분한다. 그리고 이탈리아 대부분의 밀가루에 대한 등급은 1967년에 통과된 법률에 의해 연질소맥Soft wheat/ Grano tenero을 기준으로 제분율ash content에 따라 나누었다. 'Tipo'는 'Type'을 뜻한다. '00'은 제분율이 거의 없고 1, 2 Intetrale 순으로 제분율이 높아진다. 밀을 제분할 때 밀가루에 밀기울의 총 중량에 대한 밀가루의 중량비를 말한다.

Italia 이탈리아	Ash content 회분함량	Extraction rate 추출비율	Protein 단백질		제분상태
			일반 밀가루	전용 밀가루	
Type 00	〈 0.5%	50%	7~9%	용도에 따라 7~13%까지 다양하게 제조하여 판매	가장 곱게 제분
Type 0	0.51~0.65%	72%	9~10%		
Type 1	0.66~0.80%	80%	10%		
Type 2	0.81~0.95%	85%	10%		
Integrale(통밀)	1.4~1.6%		10%		가장 거칠게 제분

Ash content : 회분(ash)은 밀가루에 들어 있는 여러 종류의 광물질을 뜻하는데 주로 인, 황, 칼륨, 그리고 칼슘 등을 말한다. 이러한 회분의 함량은 밀의 종류 및 경작조건에 따라 달라진다.

이탈리아 밀가루 용어

미국 밀가루는 밀가루 용도에 맞게 상표 이름을 붙여준다. 빵 밀가루Bread flour, 케이크 밀가루Cake flour 등으로 용도에 맞게 붙여준다.

반면에 대부분의 이탈리아 밀가루는 얼마나 곱게 갈아줬는지를 숫자로 표시한다.

일반적으로 Tipo 00는 몸에 바르는 분처럼 매우 곱다. Tipo 0는 약간 거칠고, Tipo 1과 2는 거친 질감을 갖고 있다. 더블 제로 밀가루Double-zero flour는 주로 함량이 낮은 단백질의 연질밀로 제분하고 케이크, 페이스트리, 부드러운 생파스타를 만드는 데 적합하다. Tipo 0는 주로 조금 높은 단백질을 가진 밀로 제분하여 프레시 파스타를 만들거나 여리고 섬세한 빵을 만드는 것으로 활용도가 좋은 다목적 밀가루이다. Tipo 1과 Tipo 2는 높은 단백질 함량을 가진 밀을 제분하여 만들고 단단한 빵을 만들기에 좋다.

이탈리아에서 전용 밀가루는 사용 용도에 따라 글루텐 함량이 7~13%로 범위가 넓다. 따라서 이탈리아 밀가루를 선택할 때에는 Tipo 00, 0, 1, 2 등의 숫자만 보고 선택하지 않기 바란다. 피자 도우같이 찰지고 견고한 반죽을 만들기에 적합한 Tipo 00를 원한다면 단백질 함량이 높은 밀High-protein wheat로 곱게 제분한 Tipo 00를 구입하면 된다. 이탈리아에서는 밀가루를 구매할 때 숫자와 함께 단백질 함량도 체크해야 한다. 단백질 함량이 낮은 밀가루로는 부드러운 질감을 가진 도우를 만들 수 있고 단백질 함량이 높은 밀가루로는 단단한 도우를 만들 수 있다.

Tipo 00

'도피오 제로제로Doppio zero zero'라고 부르거나 'Double zero'라 부르는 Tipo 00는 부드러운 이탈리아의 최고급 밀가루이다. Tipo 00는 매우 세밀하게 분쇄하여 섬유질이 거의 남아 있지 않으며 아기 분처럼 새하얗다. 이탈리아의 제분공장에는 경질밀과 연질밀로 만든 여러 종류의 Tipo 00가 있다.

단백질 함량은 7.4%(연질밀, Grano tenero)에서 11%(경질밀, Grano duro) 범위지만 일반적으로 9~9.5% 이하이다. 그 결과 빵집들은 그들의 빵을 만들기 위해 강력분을 혼합한다. Tipo 00의 범주에 들어가는 'Grano tenero' 밀가루는 단백질 함량조건에서 케이크밀가루Cake flour 의 범위 내에 많다.

만약 파스타를 만들기 위해 Tipo 00밀가루를 사용한다면 경질밀로 제분한 것을 확인하거나 Grano tenero tipo 00 for pasta(단백질 함량 8~10%)를 사용하면 된다. Grano tenero tipo 00 for pasta를 사용하면 부드러운 질감의 파스타를 만들 수 있다. 씹히는 맛과 단단한 질감을 원한다면 Tipo 00에 듀럼밀가루Durum flour 혹은 세몰리나Semolina를 3 : 1의 비율로 섞어서 파스타를 만든다.

Tipo 0

Tipo 00보다 덜 제분한다. Tipo 0의 범위는 다목적 밀가루All-purpose 혹은 강력밀가루보다는 단백질 함량이 낮다. 밀의 70%를 제분에 사용하기 때문에 색깔이 조금 어둡다.

Tipo 1

Type 0보다 약간 어둡고 거친 편이다.

Tipo 2

Type 1보다 약간 어둡고 거친 편이다.

Farina integrale

곡물Whole grain을 사용해서 만들며, 이탈리아 밀가루 중에서 영양이 풍부하고 가장 어둡고 거친 가루이다.

밀가루 Farina di frumento/Flour

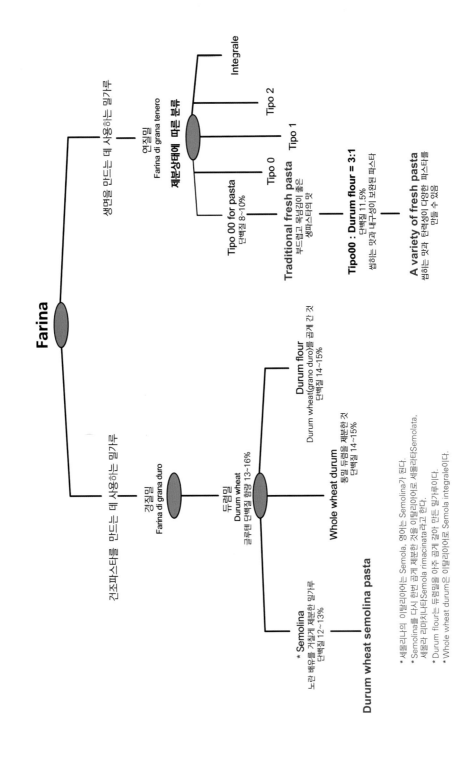

Farina

건조파스타를 만드는 데 사용하는 밀가루

경질밀
Farina di grana duro

듀럼밀
Durum wheat
글루텐 단백질 함량 13~16%

Durum wheat semolina pasta

* **Semolina**
노란 배유를 거칠게 제분한 밀가루
단백질 12~13%

Whole wheat durum
통밀 듀럼밀을 제분한 것
단백질 14~15%

Durum flour
Durum wheat(grano duro)를 곱게 간 것
단백질 14~15%

생면을 만드는 데 사용하는 밀가루

연질밀
Farina di grana tenero

재분상태에 따른 분류

Tipo 00 for pasta
단백질 8~10%

Tipo 0

Tipo 1

Tipo 2

Integrale

Traditional fresh pasta
부드럽고 묵직함이 좋은
생파스타의 맛

Tipo00 : Durum flour = 3:1
단백질 11.5%
씹히는 맛과 내구성이 보완된 파스타

A variety of fresh pasta
씹히는 맛과 단백성이 다양한 파스타를
만들 수 있음

* 세몰리나의 이탈리아어는 Semola. 영어는 Semolina가 된다.
* Semolina를 다시 한번 곱게 제분한 것을 이탈리아어로 세몰라타(Semolata.
세몰라 리마치나타Semola rimacinata라고 한다.
* Durum flour는 듀럼밀을 아주 곱게 갈아 만든 밀가루이다.
* Whole wheat durum은 이탈리아어로 Semola integrale이다.

❶ Tipo 00 for pasta 라벨 보기

이탈리아에서 파스타용 밀가루인 Farina di grano tenero Tipo 00 for fresh pasta에 대한 라벨 표시이다.

Main Characteristics : 주재료는 wheat

Technical Data : 전문적인 데이터로 단백질 함량 등을 표시하며 단백질은 10%

Shelf Life and Pack : 유통기간은 12개월, 포장단위는 1, 5, 25kg

Other : 용도는 파스타와 뇨키

Supplier : 회사명

far pasta

FARINA DI GRANO TENERO
TIPO OO

"LA TRIPLOZERO"

SPECIAL   PER PASTA FRESCA
SPECIAL FLOUR FOR FRESH PASTA

MAIN CHARACTERISTICS	TECHNICAL DATA	SHELF LIFE AND PACK	SUPPLIER
Raw material wheat	**Proteins (%)** 10,00 min.	**Shelf-life** 12 months	**Company name**
Type of product flour	**Ash (g)** 0,40 max	**Packs available** 1/5/25 KG	Molino Dallagiovanna S.r.l.
	Colour Bianco, omogeneo	OTHER	**Country** Italy
	e privo di tonalità estranee	**Use** pasta sheet, gnocchi	**Market** global
	GI 27,00 ± 2		

❷ Antimo caputo 00 chefs flour 라벨 보기

이탈리아에서 Antimo caputo 00 chef's flour는 파스타, 피자, 빵 등에 다양하게 사용할 수 있는 일반적인 밀가루이다. 나폴리에 제분공장이 있는 Caputo는 3대째 운영되고 있는 전통 있는 회사로 Antimo caputo 00 chef's flour는 고온에서도 잘 타지 않는 고품질의 밀가루이다. 이 밀가루는 Tipo 00이며 글루텐 함량은 12.5%이다.

Main Characteristics : 주재료는 soft wheat

Technical Data : 단백질 함량은 12.5%

Shelf Life and Pack : 유통기간 및 포장단위

Other : 용도는 파스타, 피자, 빵 등

Supplier : 회사명은 Antimo Caputo

ANTICO   MOLINO

NAPOLI
1924

PRODUCED BY:

ANTIMO CAPUTO
S.R.L
WWW.molinocaputo.it

FARINA
digrano tenero
tipo "00"
soft wheat flour
Farina de blè tendre
produced and packed in
produit e confectionne par :

ITALY

글루텐 함량에 따라 밀을 부르는 명칭이 다르다. 글루텐 함량이 낮은 밀 품종은 연질밀로써 'Soft'나 'Weak'라고 부른다. Soft flour는 가장 낮은 글루텐 함량을 갖고 있는 Cake flour와 이보다 약간 많은 글루텐을 갖고 있는 Pastry flour로 구분한다. 글루텐 함량이 높은 밀 품종은 경질밀로써 'Hard', 'Strong'이라 부른다. 단백질 함량은 12~14%를 포함하고 있어 강한 탄력성Elastic과 질긴 인성Toughness을 갖고 있다. 이러한 성질은 반죽을 접을 수 있고 다양한 형태로 만들 수 있게 한다.

밀은 글리아딘Gliadin과 글루테인Glutein이라는 단백질을 함유하고 있고 반죽하면서 두 단백질이 합쳐져서 글루텐gluten이라는 성분이 된다. 이 글루텐은 전분을 묶어 놓은 것과 같은 그물망 구조를 형성하여 파스타를 차지게 하고 접착력 있게 하며 탄력이 있게 하여 다양한 모양의 면을 만들 수 있게 한다. 단백질의 함량에 따라 견고성과 탄력성이 다르다. 밀가루 종류에 따른 단백질 함량과 이에 따른 견고성과 탄력성의 변화를 표로 정리하였다.

밀가루 종류에 따른 단백질 함량과 견고성, 탄력성 비교			
밀가루 종류 Wheat flour	단백질 함량 Protein % by weight	견고성 혹은 강도 Gluten strength	탄력성 Elasticity
*바이틀글루텐 Vital gluten	65~80	강함	높음
통보리 Farro	16~17	중간	낮음
듀럼 Durum	14~15	강함	낮음
통밀 Whole Wheat	12~14	강함	중간
세몰리나 Semolina	12~13	중간	낮음
피자용 티포 제로제로 Tipo 00 for pizza	12~13	강함	중간
빵밀가루 Bread flour	11.5~14	강함	높음
미국의 표백하지 않은 중력분 Unbleached all-purpose, national US	10~12	강함	중간
미국의 표백 중력분 bleached all-purpose, national US	10~12	중간	중간
파스타용 티포 제로제로 Tipo 00 for pasta	8~10	중간	중간
페이스트리 밀가루 Pastry flour	8~9	약함	낮음
케이크 밀가루 Cake flour	6~8	약함	낮음
*Vital gluten: 밀가루에서 분리한 소맥단백질의 주성분인 글루텐을 변성시키지 않고 건조시킨 것으로 밀가루 개량제로 이용된다.			

출처: Marc Vetri with David Joachim(2015), Mastering Pasta, Berkeley: Ten Speed Press, p.16.

다양한 특성을 갖고 있는 파스타 반죽을 만들려면 여러 성질이 탄력성과 견고성을 갖고 있는 밀가루를 배합하면 된다. 다음 표는 밀가루와 세몰리나 밀가루를 배합하여 다양한 특성의 파스타 반죽 만드는 예를 보여주고 있다.

Flour, plus extra for dusting

●검은색 : 식재료　●진한 빨간색 : colored pasta dough

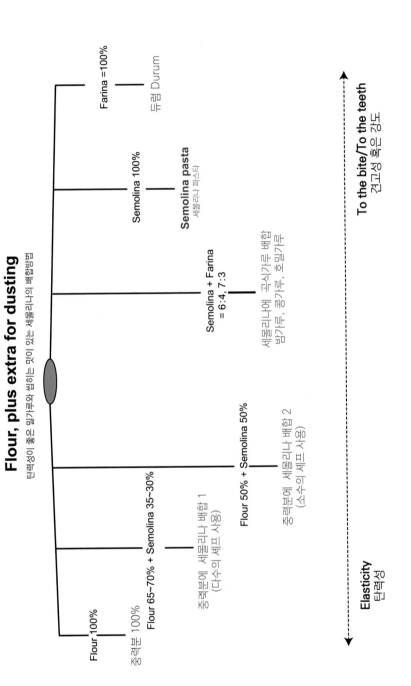

Flour, plus extra for dusting

탄력성이 좋은 밀가루와 섞이는 맛이 있는 세몰리나의 배합방법

Flour 100%
중력분 100%

Flour 65~70% + Semolina 35~30%
중력분에 세몰리나 배합 1
(다수의 셰프 사용)

Flour 50% + Semolina 50%
중력분에 세몰리나 배합 2
(소수의 셰프 사용)

Semolina + Farina
= 6:4, 7:3
세몰리나에 곡식가루 배합
밤가루, 콩가루, 호밀가루

Semolina 100%
Semolina pasta
세몰리나 파스타

Farina =100%
듀럼 Durum

Elasticity
탄력성

To the bite/To the teeth
견고성 혹은 강도

밀가루 강도에 대한 지식을 습득해 보자. 밀가루 강도가 높으면 씹는 맛이 좋은 파스타를 제조할 수 있고, 밀가루 강도가 낮으면 부드러운 파스타를 만들 수 있다.

우리는 밀가루 글루텐에만 관심을 가지고 있었지 밀가루 강도의 중요성에 대하여 인식하지 못했던 것이 사실이다. 이에 밀가루 강도에 대하여 정리해 보았다. 아래 표를 보고 바삭한 제품이나 쫄깃한 제품을 만들기에 적합한 강도를 가진 밀가루를 골라서 쓸 수 있다.

이탈리아 밀가루 Tipo 00로 생파스타를 만들고자 하면 밀가루 강도와 단백질 함량을 확인하고 밀가루 제품을 골라 만들면 된다.

밀가루 강도, 단백질 함량으로 본 적합한 요리 및 제품은 다음과 같다.

밀가루의 강도(w)	단백질 함유량(%)	적합한 요리 및 제품	비고
90~130	9~10.5	*비스킷	* 강도가 낮을수록 바삭하다.
130~200	10~11	*그리시니, 크래커	
170~200	10.5~11.5	*일반 빵, 식빵, 포카치아 겉만 구운 빵, 피자	
220~240	12~12.5	*바게트와 치아바타(5/6시간 발효한 비가(biga)반죽을 넣음)	
300~330	13	*제과류(15시간 비가 반죽을 넣어 스트레이트법으로 만듦) *손 반죽한 빵	* 강도가 높을수록 쫄깃하다.
340~400	13.5~15	*장시간 발효한 빵과 단맛의 빵류 *발효한 제과류(15시간 이상 발효. 비가 반죽을 넣음)	

*비가(biga)는 밀가루, 물, 이스트를 넣어 사전 발효한 반죽을 의미한다. 즉 사워도우를 말한다. 이탈리아에서는 비가라는 용어를 사용한다.
출처: Natalia piciocchi la tua pasta fresca fatta in casa LSWR 2014

강도가 300-330인 밀가루

밀가루에 포함된 단백질 함량과 성질에 따라 파스타는 딱딱하지 않고 부드럽고 푹신한 면이 되거나, 꼭꼭 씹어 먹어야 하는 면이 된다.

경질밀인 듀럼밀로 만든 세몰리나는 12~13%의 단백질을 갖고 있는데 이 단백질의 특성은 면을 딱딱하게 하므로 꼭꼭 씹어 먹어야 한다. 연질밀은 적은 양의 단백질을 가진 밀가루Low-protein tipo 00 flour로 8~10%의 단백질을 갖고 있으며 이 단백질은 탄력성을 갖게 하므로 부드러운 생파스타를 만들 수 있다.

단백질 함량이 많은 밀가루로는 두꺼운Thick 파스타를 만들 수 있고, 단백질 함량이 적은 밀가루로는 매우 얇은Superthin 파스타를 만들 수 있다.

두껍고Thick, 꼭꼭 씹어 먹어야 하는 파파르델레Pappardelle를 만들기 위해서는 많은 양의 단백질을 갖고 있는 밀가루를 사용한다.

매우 얇고 비단같이 부드러운 라비올리를 만들고 싶다면 Low-protein tipo 00를 사용하면 된다. Tipo 00는 밀어서 펴기 쉬운 아주 유연한 밀가루 반죽을 만들 수 있다. Tipo 2는 거칠게 제분한 통밀가루로 이것으로 파스타를 만들면 거칠고 소박한 느낌의 제품을 만들 수 있다.

이탈리아에서는 건조 파스타를 만들 경우 반드시 세몰리나를 사용하도록 법률적으로 규정되어 있다.

유럽연합에서는 프레시fresh 파스타를 만들려면 밀가루 1kg에 최소 200g의 달걀이 들어가야 한다는 규정을 두고 있다.

밀가루를 사용 용도에 따라 분류할 능력이 있다면 다양한 파스타를 만들 수 있으므로 다음과 같이 표로 정리해 보았다. 이를 참고해서 다양한 파스타 제품을 만들어보기 바란다.

명칭	설명
• 세몰리나 밀가루(Semolina) = (이)Semola, (영)Semolina	• 듀럼밀 세몰리나는 강도가 세고 글루텐 단백질을 많이 함유하고 있어 점착력이 강하다. 그래서 이 밀가루로 만들면 면은 강한 탄력이 있어 꼭꼭 씹어 먹어야 하는 파스타가 된다. • 듀럼밀에서 배아를 거칠게 제분한 밀가루 • 거의 모든 국수와 파스타에 사용
• 통밀 듀럼밀가루(Whole wheat durum)	• 통밀 듀럼을 사용하여 거친 질감을 갖고 있다. • 영양분이 밀가루보다 높아 건강식 파스타를 만들 수 있다.
• 듀럼밀가루(Durum wheat)	• 레스토랑에서 프레시 파스타를 만들 때 주로 사용한다. • 입자가 세몰리나, 통밀 듀럼밀가루보다 곱다. • 세몰리나보다 연한 노란색을 띠며 단백질 함량도 높다.
• 박력 밀가루(Cake flour, Pastry flour) = Soft flour	• 글루텐 함량이 낮아 바삭거리는 식감이 좋다. • 케이크와 비스킷을 만들 때 사용한다. • 전통적인 뇨키를 만들 때 사용한다.
• 중력 밀가루(All-purpose flour) = Plain flour	• 박력분보다 글루텐 함량이 높아 살짝 쫀득거리는 식감이 있다. • 만두피, 국수면발, 수제비를 만들 때 사용한다.
• 강력 밀가루(Bread flour) = Strong flour, Hard flour, Pasta flour	• 강력 밀가루는 글루텐을 많이 함유하고 있어 반죽하면 강력한 용수철처럼 다시 제자리로 돌아오는 찰기와 탄력이 있는 생파스타를 만들 수 있다.
• 베이킹파우더가 든 밀가루(Self-rising flour) = Self-raising flour	• 베이킹파우더가 든 밀가루는 헨리 존스가 개발하였으며, 일반적인 비율은 다음과 같다. 100g의 밀가루+3g의 베이킹파우더+1g 미만의 소금
• 통밀 밀가루(Whole-wheat flour) = Wholemeal flour	• 현미처럼 가장 바깥쪽 껍질만 벗긴 건강 밀가루 • 통째로 제분하여 검은색을 띤다.

10. 달걀Uovo/Egg

달걀의 노른자는 파스타 반죽을 노랗게 해주고 깊은 맛이 나게 해준다.

난황은 천연 유화제인 레시틴Lecithin을 갖고 있다. 이 레시틴이 반죽 안의 전분을 안정화시켜 준다. 파스타요리를 할 때 난황의 단백질은 응고되면서 파스타를 단단하게 해주고 약간의 씹히는 질감을 준다. 더불어 난황은 반죽을 노랗게 해주고 파스타에 환상적인 색을 더해준다.

달걀의 흰자는 반죽에 탄력을 준다.

달걀의 흰자는 파스타 반죽에 특유의 쫀득쫀득한 탄력감을 준다. 특유의 탄력감 있는 파스타를 원한다면 난백Egg white를 많이 넣어준다. 특히 만두형 파스타인 라비올리의 경우 소를 싸고 있는 만두피의 쫀득쫀득한 탄력성이 맛에 영향을 많이 미친다. 매끄럽고 탱탱한 파스타 반죽시트를 원할 경우 신선한 달걀 흰자의 역할이 중요하다.

오래된 달걀의 찰기가 없는 난백을 첨가하면 파스타가 탄력감을 잃게 된다. 탄력감 있는 파스타를 만들기 위해서는 유통기한 내의 신선한 달걀을 사용해야 하는데 달걀을 깨뜨렸을 때 난백이 넓게 퍼지지 않고 단단하며 위로 올라와야 한다.

달걀 흰자는 단백질Protein + 물Water을 제공한다.

단백질은 파스타 도우를 단단하게 해주고 물은 파스타 도우를 얇게 밀리도록 해준다.

달걀 노른자는 단백질Protein + 요리용의 지방Fat을 제공한다.

단백질은 파스타 도우를 단단하게 해주고 달걀 노른자의 지방Fat은 글루텐이 그물처럼 얽혀 있게 하는 네트워크를 약화시켜 파스타 도우를 부드럽게 해준다. 그러나 달걀 노른자 대신 올리브오일을 첨가하면 오일의 풍미를 더하게 된다. 피스타치오 오일Pistachio oil이나 다른 액체 지방Any other liquid fat을 사용할 수 있다.

달걀을 사용하는 이유는 본질적으로 밀가루의 맛을 살려주는 역할을 하는 것으로 생각하자.

파스타의 주재료는 밀가루이다. 파스타는 밀가루를 먹는 것이다. 파스타 반죽에 들어가는 달걀과 올리브오일, 소금 등은 밀가루의 맛을 살려주는 역할을 한다. 즉 밀가루를 맛있게 먹기 위해 달걀 및 부재료를 사용하는 것이다.

신선한 달걀은 첫째, 껍질이 거칠수록 좋다. 둘째, 표면에 얼룩이나 반점이 없어야 한다. 셋째, 흔들어보았을 때 출렁한 느낌이 없어야 한다. 넷째, 물에 넣었을 때 누운 모습으로 바로 가라앉아야 한다.

신선하지 않은 달걀은 첫째, 껍질이 매끄럽다. 둘째, 표면에 얼룩이 있고 반점이 있다. 셋째, 흔들어보았을 때 출렁인다. 넷째, 달걀을 물에 넣었을 때 물에 뜬다.

달걀을 깬 후 난황 계수 0.36~0.44, 난백 계수 0.14~0.17이면 신선한 달걀이다.

달걀의 신선도는 외관품질과 내부품질로 나누어 판단할 수 있는데 외관품질은 달걀의 크기, 비중측정 등으로 판단할 수 있으며, 내부품질은 달걀을 깨뜨려 난황 계수 및 난백 계수를 보고 판단할 수 있다.

난황 계수 = 난황의 높이 / 번진 난황의 평균 직경

난백 계수 = 난백의 높이 / 번진 난백의 평균 직경

50g의 달걀을 투명한 유리그릇에 깨뜨려 놓고 난황의 높이와 직경을 측정해 보니 높이는 1.5cm, 직경은 4cm인 경우 1.5÷4=0.375로 보통 정도의 신선도로 판정할 수 있다.

11. 물 Acqua/ Water

물은 밀가루 속의 단백질이 글루텐으로 형태가 변하도록 해준다. 물이 없다면 글루텐은 결코 형성되지 않는다.

밀단백질 wheat protein 은 자기 무게의 200%까지 수분을 흡수한다. 물을 많이 첨가할수록 밀가루 반죽을 얇게 밀 수 있다.

파스타에 다양한 풍미를 가진 물을 첨가할 수 있다.

오징어 먹물은 인기 있는 독특한 풍미를 갖고 있다. 채소와 과일은 75~95%가 물이다. 이것을 퓌레^Puree로 만들어 도우에 물 대신 넣기도 한다. 달걀 노른자는 50%가 물이다. 계절에 따라 물을 넣는 양을 조절한다. 여름에는 다습하고 겨울에는 건조하기 때문이다. 훌륭한 바리스타는 겨울에는 원두가 곱게 갈리도록 커피 그라인더를 조절하고 여름에는 다습하기 때문에 커피원두가 거칠게 갈리도록 그라인더를 조절한다. 밀가루도 마찬가지이다. 계절에 따라 공기 중의 습도가 다르기 때문에 밀가루 도우 레시피도 조절해야 한다.

물은 밀가루 반죽의 미세한 조절에 반드시 필요하다. 따라서 밀가루 반죽의 미세한 조절을 위해 옆에 약간의 물을 준비해 놓는다.

생파스타 도우를 만들 때 물 대신 달걀을 사용하는 경우가 많으며 물은 보조적으로만 사용한다. 물은 반죽농도를 조절할 때 사용하는 필수적인 재료로 가루의 건조 정도나 달걀 1개의 무게, 계절에 따른 습도 변화 등에 따라 미세하게 다르므로 반죽의 수분함량 조절을 위해 필요하다.

12. 소금 Sale / Salt

도우에 첨가하는 소금은 글루텐 형성을 도와 글루텐이 그물처럼 강하게 얽히도록 하여 '탱탱하게 하는 성질'이 좋아지게 하는 효과가 있다.

파스타의 탄력은 밀가루에 들어 있는 단백질이 변화하여 만든 글루텐 때문이다. 소금을 조금 첨가하면 글루텐 성질 중에서도 '탄성'이 좋아진다. 단백질 함유량이 많은 강력분에 소금을 넣으면 탄력이 좋아지고 단백질 함량이 적은 00밀가루나 박력분에 소금을 넣으면 부드러운 반죽이 된다. 소금을 넣지 않은 반죽은 쉽게 늘어지고 마르기 쉽다.

타야린 반죽과 세몰리나 밀가루 반죽에는 소금을 넣지 않는다. Why? 소금의 역할이 크지 않기 때문이다.

소금의 역할이 크지 않은 파스타 반죽에는 2가지가 있다.

첫째, 달걀 노른자로 반죽하는 타야린이다. 타야린의 식감은 글루텐의 쫄깃한 성질에서 나오는 것이 아니라 달걀 노른자의 응고작용에 의한 부드러운 느낌이다.

둘째, 세몰리나 밀가루로 만든 파스타 반죽이다. 세몰리나 밀가루에는 단백질 함유량이 많아도 늘어나는 성질보다는 딱딱 끊어지는 성질을 갖고 있다. 원래 늘어나는 성질이 없는 밀가루이다. 즉 소금을 넣을 필요가 없다.

이탈리아에서는 생파스타를 만들 때 주로 바다소금을 사용한다.

시칠리아주에 있는 소살트^{Sosalt}사의 모티나^{Mothia}산 천일염인 살레 피노^{Sale fino}는 많은 셰프들이 사용하는 감칠맛이 나는 부드러운 풍미의 소금이다.

Chapter 3

파스타의 종류 Kind of pasta

1. 파스타의 건조 유무에 따른 분류

1) 건조 파스타류 Pasta secca/ Dried pasta

건조 파스타는 이탈리어어로 '파스타 세카 Pasta secca**'라고 한다. 이러한 건조 파스타는 10세기 무렵 해상무역이 활발해지면서 선상에서 선원들을 위한 저장식량으로 각광받게 되었다.**

건조 파스타는 남부 시칠리아 사람들이 발전시킨 것으로 선원들을 위한 저장식량으로 매우 인기가 있었다. 시칠리아 선원들은 먼 항해를 떠나기 전에 길고 두꺼운 마카로니를 배에 신고 항해에 올랐고, 북부의 리구리아 선원들은 작고 둥글게 만 베르미첼리를 챙겨 배에 올랐다. 북부 리구리아의 제노바 상인들은 베르미첼리를 전 유럽으로 수출하였다.

이탈리아 남부에서 건조 파스타가 다량으로 생산되고 즐겨 먹었다.

이탈리아 남부 시칠리아는 이슬람교도인 아랍의 지배하에 건조면 기술을 습득하였고, 연질밀이 생산되지 않는 자연조건 속에서 자연에 순응하여 경질소맥을 재배하였으며 달걀이 귀하여 달걀을 넣지 않는 건조 파스타를 만들게 되었다. 만약, 이러한 불편한 자연조건이 없었다면 지금의 나사모양, 나비모양, 파이프처럼 구멍 뚫린 모양 등의 다양한 건조 파스타는 생산되지 않았을 것이다. 부드러운 곡물은 파스타를 뽑아내는 형판인 다이스에 들러 붙거나 모양이 제대로 형성되지 않는다. 경질밀이 물을 만나 다이스를 통해 나온 것을 뜨거운 해풍으로 최상품의 파스타를 만들게 된 것이다.

2) 생파스타류 Pasta fresca / Fresh pasta

생파스타는 이탈리아어로 '파스타 프레스카 Pasta fresca'라고 하며 '달걀 파스타', 즉 '알루오보 파스타 All'uovo pasta'라고도 한다. 물로 반죽하지 않고 달걀로 반죽한다. 그렇기 때문에 저장기간이 짧으며 냉장고에 두고 사용한다.

이탈리아 북부의 에밀리아, 롬바르디아, 베네토 등의 농가에서는 안정된 평야에서 많은 연질 소맥을 수확할 수 있었고 닭들이 일 년 내내 달걀을 낳아 달걀이 풍부했기 때문에 밀가루 킬로그램당 10개의 달걀을 넣을 수 있는 달걀 파스타를 만들 수 있었다. **또한 풍족한 자연 조건에서 건조 파스타와 같은 식량이 필요하지 않았고 배를 타고 오랫동안 먼 바다로 나갈 필요도 없었다.** 북부 주민들은 건조 파스타보다는 생파스타를 더 선호한다.

파스타 반죽에 들어가는 달걀은 파스타의 용도에 따라 전란, 전란+난황, 난황을 첨가할 수 있다.

이탈리아에서는 전통적으로 난황과 난백을 모두 넣고 생파스타를 만들며 에그 파스타의 기본은 전란 Whole egg을 사용한다. 전란을 사용한 반죽은 두루 사용할 수 있다. 흰 살 생선을 채워 넣는 파스타에 난황만을 사용한 반죽을 사용할 경우 난황의 풍미가 강해 고유의 생선 풍미가 묻힐 수 있으므로 전란 반죽을 사용한다. 이탈리아 요리는 재료 고유의 맛을 살려 조리하는 것이 특징이다.

노란색 반죽을 만들 경우 난황을 넣어준다. 난황은 반죽을 노랗게 해주고 파스타에 환상적인 색을 더해준다. 이탈리아 북서부 피에몬테 Piemonte의 타자린 Tajarin은 밀가루 1kg에 난황 40개를 첨가해서 만든다. 이 파스타는 해돋이처럼 환상적인 노란색을 낸다. 파스타 전문 레스토랑에서는 노란색 반죽을 원할 경우 난황만을 첨가한다.

Pasta dough

● 검은색 : 식재료 ● 진한 빨간색 : Pasta dough

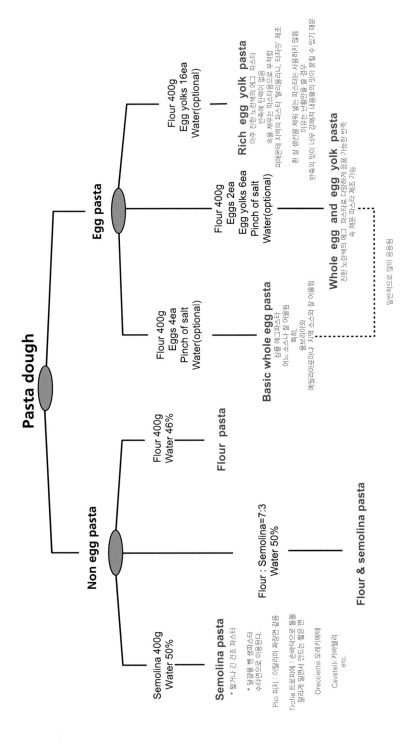

Pasta dough

Non egg pasta

Semolina 400g
Water 50%

Semolina pasta
* 껄거나 긴 건조 파스타

* 달걀을 뺀 생파스타
수타면으로 이용된다.

Pici 파스타 : 이탈리아 짜장면 같음

Trofie 트로피에 : 손바닥으로 둘둘
말리게 밀면서 만드는 짧은 면

Orecciette 오레끼에떼

Cavatelli 카바뗄리
etc.

Flour : Semolina=7:3
Water 50%

Flour & semolina pasta

Flour 400g
Water 46%

Flour pasta

Egg pasta

Flour 400g
Eggs 4ea
Pinch of salt
Water(optional)

Basic whole egg pasta
샘플 에그파스타
어느 소스나 잘 어울림

특히,
볼로니제
에밀리아로마나 지역 소스와 잘 어울림

Flour 400g
Eggs 2ea
Egg yolks 6ea
Pinch of salt
Water(optional)

Whole egg and egg yolk pasta
진한 노란색의 에그 파스타로 다양하게 응용가능
속 채운 파스타 제조 가능

일반적으로 많이 응용됨

Flour 400g
Egg yolks 16ea
Water(optional)

Rich egg yolk pasta
아주 진한 노란색의 에그 파스타
반죽에 탄력이 없음
속을 채우는 파스타용으로 부적절
피에몬테 지역의 파스타 탈리올리니, 타자린 제조

흰살 생선을 제외 넣는 파스타는 사용하지 않음
이유는 난황이들 쓸 경우
반죽의 맛이 너무 강해져 내용물이 맛이 문힐 수 있기 때문

기본적인 생파스타 도우 공식은 밀가루 100g마다 달걀 1개를 사용한다. 달걀 3개마다 올리브오일 1 tablespoon, 물은 조절용으로 사용한다.

파스타 도우의 기본 레시피는 밀가루 300g, 달걀 3개, 올리브오일 1 tablespoon이고 물은 조절용으로 1 tablespoon 정도 준비해 둔다. 이 레시피는 밀가루 종류에 상관없이 맛있는 프레시 파스타를 만들 수 있다.

Basic fresh dough 1			
Flour	Egg	Olive oil	Water
300g	3ea	1 tablespoon	optional

이탈리아 북부 일대와 토스카나주 주변 중북부는 연질밀가루를 사용하고, 라치오주 일대 중남부는 연질밀가루에 경질밀가루를 첨부하여 사용하며, 남부는 경질밀가루를 주로 사용한다.

00밀가루와 0밀가루는 이탈리아 북부 일대와 토스카나주 주변 중북부에서 애용하고 있다. 00밀가루를 사용하면서 세몰리나 밀가루를 첨부하는 지역은 라치오주 일대 중남부의 파스타이고, 세몰리나 밀가루는 리구리아 지역과 남부를 중심으로 사용한다.

Basic fresh dough 2								
	대표 파스타	00 flour	Semolina flour	Whole egg	Egg yolk	Olive oil	Water	Salt
북부 일대와 중북부 일대	롱파스타 (피치, 스트린고치 등)	500g	–	–	–	–	230g	5g
	만두형 파스타 (토르텔리, 아뇰로티 등)	500g	–	2.5	5	–	–	3g
	면 파스타(라비올리, 라사냐, 탈리올리니)	800g	200g	5	8	some	optional	–
	소형 파스타머신으로 만드는 파스타 (마케로니와 마케론치니 등)	400g	100g	2	8	some	optional	some
	쇼트파스타 (오리키에테 등)	250g	250g	–	–	–	230g	5g
남부 일대	쇼트파스타 (마케로니, 파케리 등) 롱파스타 (푸실리 룬기, 페투체 등)	–	200g	–	–	–	100g	–

참고: Nishiguchi Daisuke 외(2016), 프로를 위한 파스타의 기술, Greencook.

유명 이탈리아 레스토랑에서 다용도 & 대용량 파스타 반죽으로 사용하는 예는 다음과 같다.

서울에서 꽤 유명한 특1급 호텔 이탈리아 레스토랑에서는 다음과 같은 레시피로 파스타 반죽을 만든다. 만드는 방법은 ① Semolina : Flour(50:50)를 골고루 섞은 후 ② 올리브오일과 화이트와인을 붓고 잘 섞는다. ③ 여기에 달걀 노른자를 넣는다(1kg에 달걀 11개-달걀이 60g 일 경우), ④ 믹싱 기계로 잘 치면서 잘 엉겨붙어 있는가를 손으로 뜯어보면서 확인한다.

Basic fresh dough 3						
Flour(중력)	Semolina	Egg yolk	Olive oil	White wine	Warm water	Salt
500g	500g	11ea	20ml	30ml	230ml	10g

에그 반죽일 때는 너무 많이 치대지 않고 윤기가 날 때까지 반죽하지 않는다.

생파스타 반죽은 연질밀과 달걀을 혼합하여 만든다. 반죽을 너무 많이 치대면 온도가 올라가 달걀이 노화된다. 모든 반죽은 손으로 반죽한 다음 비닐봉지에 넣어 휴지시킨다. 휴지하는 동안 밀가루와 수분이 잘 어우러져서 가볍게 반죽할 수 있다.

성형한 반죽이 붙지 않게 세몰리나 밀가루를 덧가루로 사용한다.

성형한 반죽은 대부분 냉장고에 보관하면서 사용하는데 세몰리나 밀가루를 덧가루로 사용한다. 세몰리나 밀가루는 00밀가루보다 끈적이지 않고 면들이 잘 떨어지게 한다.

2. 파스타의 형태로 본 분류

1) 파스타^{Pasta / Pasta}

1) 파스타 Pasta / Pasta

파스타의 종류를 편의상 10가지^{14p}로 나누어보았다.

가늘고 기다란 원통형 파스타, 구멍 뚫린 튜브 모양의 긴 파스타, 얇게 밀어 칼로 잘라 만든 파스타, 짧은 튜브 모양 파스타, 짧은 모양 파스타, 속 채운 파스타, 수프용 파스타, 스탬프로 찍어 표면에 문양을 넣는 파스타, 뇨키·알갱이형 파스타, 중국 면처럼 손으로 만드는 수타면 등이 있다.

❶ **가늘고 기다란 원통형 파스타**는 보통 길이가 260mm 정도 되며 지름은 1mm부터 2.2mm 까지 다양하다. 지름이 둥근 모양(●)의 파스타는 지름이 1mm인 천사의 머리카락처럼 가느다란 카펠리 단젤로부터 살짝 두꺼운 카펠리니, 페델리니, 스파게티니, 베르미첼리, 스파게티, 지름이 2.0~2.2mm인 스파게토니까지 다양하다. 라면처럼 꼬불꼬불하게 긴 면 파스타는 푸실리 룬기가 있다. 카펠리 단젤로는 산모를 위해 수녀들이 만들었는데 이 파스타를 먹으면 젖이 잘 나온다고 굳게 믿었다. 길고 곧게 만들면 잘 부숴지기 때문에 새 둥지 모양으로 뭉쳐서 만든다.

❷ **구멍 뚫린 튜브모양의 긴 파스타(O)**는 부카티니와 치티가 있다.

부카티니^{Bucatini 23p-33번}의 어원은 '구멍^{Buco}'에서 나왔다. 파스타 중앙에 구멍을 뚫어 음식의 안과 바깥 부분을 동시에 익힐 수 있는 획기적인 파스타이다.

치티^{Ziti}는 '신랑 또는 약혼한'의 뜻과 같이 결혼식 점심식사의 첫 번째 코스로 제공된다. 굵고 크기 때문에 요리하기 전에 기다란 치티를 손으로 4등분해서 사용한다. 치티는 이탈리아 남부 사람들만 주로 먹는 파스타이기 때문에 북부 사람들은 남부 사람들을 놀릴 때 치티 먹는 모습에 비유해서 괄시한다.

❸ **길고 납작한 파스타**는 15세기부터 내려온 전통이다. 리본형 파스타로 에그 반죽을 얇게 민 다음, 리본처럼 길게 잘라서 말리면 리본처럼 약간 구불구불하게 올라온다.

페투치네Pettuccine 15p-5번는, 이탈리아 마르티노 조리장의 〈요리의 기술〉(1456)에서, 손가락 너비로 자르고,

탈리올리니Tagliolini 15p-1번는 탈리아텔레보다 더 가늘게 자른 것으로 섬세하게 바늘 너비 정도로 잘라야 한다고 기술하고 있다. 섬세한 너비로 인해 몇 초만 삶아도 알덴테가 아닌 푹 삶은 파스타가 되므로 조심해야 한다. 에그 반죽, 세몰리나 반죽, 메밀 반죽, 밀가루에 화이트와인을 넣어 만든 반죽으로 만들 수 있다. 타자린Tajarin은 탈리올리니보다 약간 두껍다. 피에몬테 지역의 타자린은 난황을 넣은 아주 진한 에그 반죽을 이용해서 만드는데 전통적으로 흰 송로버섯을 뿌려낸다.

린귀네Linguine 23p-34번는 스파게티를 납작하게 눌러놓은 듯한 납작한 리본 파스타이다. Linguine는 작은 혀라는 뜻이며 양면을 볼록하고 납작하게 만들어 소스가 면에 잘 배어든다.

트레네테Trenette, Trinette 15p-10번는 마팔디네Mafaldine와 비슷한 리본 파스타이지만 너비가 더 얇다.

레지네테, 마팔디네 Reginette, Mafaldine는 양쪽 가장자리가 웨이브 모양으로 길이가 100~250mm 정도 되는 매력적인 남부 고유의 파스타이다. 연회장소에서 입는 공주의 레이스 달린 옷처럼 아름다운 모양이다. 1902년 이탈리아 왕 비토리오 엠마누엘레 3세의 딸인 마팔라 공주가 태어난 것을 기념하여 만들었다.

탈리아텔레Tagliatelle 15p-4번는 '자르다Tagliare'에서 왔다. 리본 파스타 중에서 탈리아텔레는 중간 크기로 이탈리아 전역에서 만들고 있다. 이탈리아 제피라노 조리장이 페라라 공작이었던 데스테의 알폰소 1세의 결혼식을 기념하여 만들었다고 하며 신부의 부드러운 금발머리를 형상화한 것이라고 한다.

피초케리Pizzoccheri 15p-6번는 메밀로 만든 뻣뻣한 파스타이다. 롬바르디아 발텔리나 지역에서만 주로 먹는다. 예멘이나 시리아 지역에서 메밀요리를 많이 먹는데 그쪽 지역의 영향을 받은 파스타로 추측된다.

말탈리야티Maltagliati는 '잘못 잘라낸'이라는 뜻으로 옛날에는 탈리아텔레를 자르면서 나온 불규칙한 모양의 파스타였고 지금은 마름모꼴로 일정하게 상품화되어 나온다. 스트라치stracci 16p-12번처럼 막 자른 면 중의 하나이다.

파파르델레Pappardelle 23p-36번는 난황을 넣은 진한 에그 파스타로 노란색이며 넓고 부드러운 리본 모양이다. 토스카나 지역 방언으로 '허겁지겁 먹어치우다, 뱃속을 채우다'란 의미로 건더기가 크거나 맛이 진한 기름진 소스와 같이 버무려야 맛있다.

칸넬로니Cannelloni 18p-43번를 얇게 밀어 칼로 잘라 만든 파스타에 포함시킨 이유는 원래 튜브형 파스타에 속을 채워 만드는 것이 아니기 때문이다. 에그 반죽을 얇게 밀어 만든 파스타 시트에 속을 넣고 돌돌 말아 오븐에 구워 만든다. 비슷한 것으로는 마니코티가 있는데 튜브형 파스타로 속을 채운 다음 오븐에 굽는 요리이다. 마니코티는 주름 잡은 소매같이 겉면에 홈이 파여 있다. 미리 만들어둘 수 있다는 점 때문에 이탈리아는 물론이고 한국, 영국, 스페인, 미국에서도 인기가 있다. 프랑스의 크레페를 대신 사용하여 돌돌 말아 오븐에 구울 수도 있다.

라사녜 리체 Lasagne ricce는 옆면이 구불구불하고 웨이브지게 만든 라사녜다. 구불구불한 모양은 남부지역에서 좋아해서 그쪽 지역 사람들이 자주 요리해 먹는다. 에밀리아로마냐 지역은 에그 반죽으로 만들고 캄파니아와 라치오 지역은 세몰리나 반죽으로 만든다. 우리나라도 설날에는 떡국을 먹듯이 팔레르모에서도 새해 첫날 '라사녜 카카티(Lasagne cacati : 똥덩어리 라사녜)'를 먹는다. 리코타 치즈를 위에 부어주고 크게 원형으로 퍼지게 발라주는 데서 유래한 이름으로 해학적인 해석이 재밌다.

라사녜Lasagne 15p-2번는 뇨키, 라비올리, 마케로니, 베르미첼리와 함께 중세시대부터 먹었던 오래된 파스타로서 이탈리아 사람들이 가장 즐겨 먹는 오븐 파스타이다. 라사녜Lasagne는 라사냐Lasagna의 복수형이다. 즉 한 장의 파스타라고 하면 라사냐(라자냐)이고 여러 장의 라사냐를 말할 때는 라사녜(라자녜)라고 한다. 남부에서는 세몰리나 반죽으로 만들어 말려서 사용하고, 북부에서는 달걀을 넣어 진한 에그 반죽으로 만든다. 특히, 볼로냐 지방에서는 달걀과 시금치를 넣어 초록색으로 만든다.

파촐레티Fazzoletti는 대중적으로 에그 반죽을 사용하여 만든다. 모양은 투명하게 비칠 듯한 사각 손수건처럼 만든다. 리구리아 지역은 특이하게도 밀가루에 화이트와인을 넣고 반죽하여 아주 얇게 밀어 실크 같은 느낌의 파스타를 만든다. 손으로 작업해서 얇게 반죽을 미는 기술은 명품을 만드는 장인정신이 요구된다.

❹ **짧은 튜브모양 파스타**는 튜브모양으로 중앙에 구멍이 나 있다. 다양한 크기가 있으며 마카로니, 펜네, 리가토니 등이 있다.

마카로니Macaroni 21p-5번는 18세기 이탈리아를 여행하던 영국 사람의 눈에 뜨여 전 세계에 알려졌으며 크림소스 혹은 마요네즈에 버무려 사용된다.

펜네Penne 22p-14번는 양끝이 깃털 펜처럼 어슷하게 잘려 있어 스푼으로 뒤적거릴 때마다 많은 소스가 파스타 속으로 들어가게 만들어졌다. 겉면이 매끈한 것Lisce과 홈이 파인 것Rigate이 있다.

리가토니Rigatoni 22p-20번는 펜네보다 넓고 '고랑'이라는 어원을 갖고 있으며 표면에 길이로 고랑이 파여 있다. 묵직한 미트소스와 잘 어울린다.

❺ **짧은 모양 파스타**는 면의 형태와 굵기에 따라 다양한 이름을 가지고 있다.

동물, 식물, 종교, 산업화 시대의 기계 등에서 다양한 아이디어를 떠올리고 수백 가지의 모양파스타를 만들었으며, 동물의 형태에서 빌린 이름도 있다. 파르팔레 '나비', 오레키에테 '작은 귀', 린귀네 '작은 혀', 베르미첼리 '작은 벌레', 지리니 '올챙이', 오키 디 파세로 '참새의 눈', 오키 디 루포 리가티 '줄무늬 늑대의 눈', 오키 디 엘레판테 '코끼리 눈', 오키디 보베 '황소의 눈', 코데 디 론디네 '제비 꼬리', 크레스테 디 갈로 '닭 볏', 루마케 '달팽이', 콘킬리에 '조가비' 등이 있다. 식물의 형태에서 온 것으로는 피오리 디 삼부코 '삼부코의 꽃', 세다니 '셀러리', 그라미냐 '겨이삭'이 있다. 종교에서 가져온 파스타로는 마니케 디 모나카 '수녀의 소맷자락', 카펠리 델 프레테 '신부의 모자' 등이 있다. 산업화가 진행되는 20세기 초반부터 기계나 공구에서 모양을 따온 것으로는 루오테 '바퀴', 엘리케 '나사', 트리벨리 '드릴', 란체테 '시곗바늘', 고미티 '크랭크축', 푸실리 '회전축' 등이 있다.

❻ **속 채운 파스타**는 파스타 반죽 면에 소를 채운 후에 파스타 반죽 면을 반으로 접어 봉하거나 특이한 모양으로 뒤틀어 만든다. 삼각형, 사각형, 직사각형, 보자기 모양 등 다양한 모양으로 만든다.

라비올리^{Ravioli 20p-57, 58, 65번}는 만두형 파스타를 통틀어 부르는 이름이다. 이탈리아 어느 지역에서나 볼 수 있는 파스타로 중세시대 귀족들로부터 서민에 이르기까지 즐겨 먹던 파스타이다. 어디에서나 볼 수 있기 때문에 어떤 속재료를 채웠느냐에 따라 지역을 구분한다. 네모나게 길게 민 파스타 반죽 위에 소를 늘어 놓고, 그 위에 파스타면을 덮고 봉합해서 네모나게 자른다.

토르텔리니^{Tortellini}는 탈리아텔레, 라사녜와 더불어 에밀리아로마냐 지역의 자랑거리다. 참을성과 상당히 숙련된 기술을 갖고 있어야만 좋은 토르텔리^{Tortelli}를 만들 수 있다. 크기별로 이름이 다르며 작은 것부터 토르텔리니^{Tortellini}(길이 25mm, 너비 21mm), 토르텔리^{Tortelli 18p-44번}(길이 35mm, 너비 30mm), 토르텔로니^{Tortelloni}(길이 45mm, 너비 38 mm)라고 부른다. 토르텔리니는 배꼽이라는 이름처럼 움푹 파인 것이 사람의 배꼽과 매우 비슷하게 생겼다.

카펠레티^{Cappelletti 18p-41번}는 '작은 모자'라는 뜻으로 토르텔리나 토르텔로니와 비슷한 모양이지만 약간 차이가 있게 생겼다. 눈동자처럼 양옆이 약간 모아져 있는 동그란 모양이라고 보면 된다. 에밀리아로마냐 지역에서는 리코타 치즈와 레몬 껍질, 너트메그로 속을 채워 만든다.

❼ **수프용 파스타**는 수프나 육수를 이용한 요리에 사용되는 파스타로 크기가 작은 것부터 매우 작은 것이 있고 다양한 모양의 파스타가 있다.

아넬리니^{Anellini}는 작은 링 모양 파스타이다.

스텔리네^{Stelline}는 길이 4mm, 너비 4mm, 두께 0.5mm로 별모양을 하고 있고 특이한 것은 중앙에 작은 구멍이 뚫려 있다는 점이다. 파스타가 기계화되기 전인 16세기부터 만들어 먹었다고 하는데 섬세한 작업이 필요한 파스타이기 때문에 당시 이 파스타를 만들었던 어머니들께 경의를 표할 따름이다.

❽ 스탬프로 찍어 표면에 문양을 넣는 파스타로 **코르체티**^{Corzetti}가 있다.

코르체티^{Corzetti 17p-30번}는 세몰리나 반죽을 이용해서 만드는 리구리아 지방의 전통 파스타이다. 밀가루와 물 그리고 가끔 약간의 달걀과 오일을 넣어 만든 반죽을 밀어 과실나무로 만든 한 쌍의 원형 틀을 이용해서 모양을 찍어낸다.

이들의 조상은 프로방스 지방의 크로세^{Croset}이다. 둥근 모양의 파스타로 지름이 1cm 되는데 가운데 부분을 엄지로 눌러 음푹 들어간 모양으로 만든다. 재미난 것은 프로방스 지방의 크로세에서 리구리아의 크로체티와 풀리아 지방의 오레키에테, 그리고 스트라시나티 파스타로 발전하였다는 것이다.

❾ **뇨키·알갱이형 파스타**는 뇨키, 쿠스쿠스, 프레골라, 파스타 그라타타, 슈페츨리가 있다.

뇨키^{Gnocchi 19p-51번}는 '손가락 마디'처럼 작은 덩어리라는 뜻의 '노카^{Nocca}'에서 유래하였다. 옛날에는 밀가루에 물을 넣어 만들었으나, 신대륙에서 감자가 전래된 이후에는 감자로 뇨키를 만들었다.

프레골라^{Fregola 19p-48번}는 쿠스쿠스와 비슷한 모양으로 크기는 더 크다. 세몰리나에 물을 조금씩 첨가하여 손으로 비벼가며 알갱이를 만들고 오븐에 구워 사용한다. 주로 수프 가니쉬용으로 사용한다.

파스타 그라타타^{Pasta grattata}는 생파스타로 유명한 에밀리아로마냐주의 파스타이다. 그라타타는 '갈다'라는 뜻으로 밀가루 반죽을 치즈용 강판 등에 너비 8mm × 길이 3cm로 잘게 간 것을 말한다.

슈페츨리^{Spatzli}는 독일, 오스트리아권에서 유래되어 트렌티노알토아디제주의 대표적인 파스타가 되었다. 슈페츨리는 독일어의 '슈페츨레'에서 온 것으로 '작은 조각'이란 뜻이다. 밀가루와 물, 우유, 달걀을 배합하여 묽은 반죽을 만들어 슈페츨리용 슬라이서식 도구를 통과시켜 끓는 물에 직접 떨어뜨려 만든다.

❿ **수타면**인 피치^{Pici}와 트로피에^{Trofie}는 이탈리아 북부 바로 아래 지역의 대표적인 파스타로 세몰리나 반죽을 이용해서 손으로 만든다.

피치^{Pici 17p-26번}는 '들러붙다 혹은 끈끈하다'에서 유래되었으며 투스카니, 특히 발 디 치아

나와 세네세 지역에서 손으로 길게 만드는 불규칙한 모양의 지름이 둥근 파스타이다. 굵기와 모양이 제멋대로 생긴 것처럼 소스도 강한 것들과 잘 어울린다. 라구 소스를 비롯 야생버섯과 야생동물 그리고 마늘이 들어간 소스, 베이컨이 들어간 소스와 잘 어울린다.

트로피에Trofie 17p-27번는 세몰리나에 물을 넣어 만든 반죽을 손으로 길이 40mm, 너비 5.5mm의 크기로 단단하게 꼬아 만든 동아줄 모양의 파스타이다. 트로피에는 인체공학적이면서도 아름다운 디자인의 파스타로 손을 이용하므로 만들기도 쉽다. 트로피에는 리구리아 지역이 원조로 제노베제 페스토에 이 파스타를 비벼 먹는다.

Chapter 4

이탈리아 지역의 파스타 알아보기

10~12세기경에 이탈리아에서는 생파스타와 건조 파스타가 동시에 탄생하게 된다. 남쪽은 경질밀로 만든 건조 파스타가 탄생했고, 북쪽은 연질밀가루와 달걀로 만든 생파스타가 탄생했다는 것이 흥미롭다.

1. 건조 파스타 제조 지역들

건조 파스타는 시칠리아의 팔레르모에서 탄생했고 지중해 북서부 제노바에서 청소년기를 보냈다. 그리고 어른으로 성장한 것은 풀리아주의 나폴리이다. 이 지역 모두 파스타를 만들 때 그라노두로로 만든다. 먼저, 기후조건이 그라노두로가 자라기 좋은 조건이다. 또한 그라노두로가 부족할 때는 언제든지 배로 쉽게 수입해 올 수 있었다. 1700년대 이후 파스타의 시대가 열렸다고 볼 수 있는데 이후 1900년의 한 카탈로그에는 나폴리 방식, 제노바 방식, 풀리아 방식, 시칠리아 방식을 구별하여 소개하고 있다.

나폴리 방식의 파스타는 길고 곧은 모양을 하고 있다.

나폴리 방식의 파스타는 건조를 위해 한쪽 끝을 접어서 막대기에 매달아 놓아 길고 곧은 모양을 하고 있다. 나폴리에서 생산되는 마케로니, 치티, 지토니, 부카티니, 베르미첼로니는 길고 곧은 모양이다.

리구리아 방식은 새 둥지처럼 감긴 파스타이다.

리구리아주의 제노바 방식은 감긴 실 모양으로 만든다. 제노바에서 생산되는 파스타는 페델리니, 베르미첼리, 카펠리 단젤로, 페투치네 등 실모양으로 감은 파스타이다.

풀리아 방식의 파스타 특징은 리가토니, 디탈리니, 투베티, 아넬리니 등 절단한 파스타가 많다.

시칠리아 방식의 파스타는 기다랗게 자른 파스타들이다.

2. 생파스타 제조 지역들

10~12세기에 생파스타가 탄생하게 되었고 1700년대 정도 이후에 발달하기 시작한다. 이탈리아 중북부의 에밀리아 지방에서 생파스타가 발달하기 시작했다. 에밀리아 지방에 있는 포강 유역 평야에서는 많은 연질밀을 경작하여 연질밀을 쉽게 구할 수 있었다. 또한 이 지역은 목축업이 성행하였고 달걀을 쉽게 얻을 수 있었기 때문에 이탈리아 중북부에서는 연질밀가루에 달걀을 넣은 생파스타가 발달할 수 있었다. 북이탈리아에서는 라사냐, 칸넬로니, 탈리아텔레, 라비올리 같은 생파스타를 지금도 많이 만들어 먹고 있다.

3. 지역에 따른 파스타 밀가루의 선택

이탈리아 북부 일대와 토스카나주 주변 중북부는 연질밀가루를 사용하고, 라치오주 일대 중남부는 연질밀가루에 경질밀가루를 첨부하여 사용하며, 남부는 경질밀가루를 주로 사용한다.

00밀가루와 0밀가루는 이탈리아 북부 일대와 토스카나주 주변 중북부에서 애용하고 있고, 연질밀가루를 사용하면서 세몰리나 밀가루를 첨부하는 지역은 라치오주 일대 중남부의 파스타이고, 세몰리나 밀가루는 남부를 중심으로 사용한다.

■ 북부지역

① 지정학적 요충지로 전쟁을 많이 겪은 **프리울리베네치아줄리아** Friuli Venezia Giulia

프리울리베네치이줄리아주의 이름은 로마의 광장Friuli과 고대 로마의 율리아 씨족Giulia을 의미한다. 이는 과거 로마제국의 점령지였음을 알 수 있다.

북쪽과 동쪽은 오스트리아, 슬로베니아와 인접지역이고, 서쪽은 베네토주, 남쪽은 아드리아해가 있다. 이 지역은 알프스 산맥과 지중해 사이에 위치한 지정학적 요충지로서 전쟁이 자주 발생된 지역이다.

FRIULI VENEZIA GIULIA

18세기에는 베네치아공화국에 속하였고, 그 후 합스부르크, 이탈리아 통일 후 우디네 지역만 이탈리아에 속하였고, 제1차 세계대전 후 전체가 이탈리아 영역이 되었다. 제2차 세계대전에 패배한 이탈리아는 이스트라 반도와 트리에스테의 내륙과 그 주변 영토를 유고슬라비아 사회주의 연방공화국에 빼앗기게 되었다. 지금은 면적 7,844km², 인구 1백20만 명 이상의 주이다. 주도는 트리에스테이고, 고리치아, 포르데노네, 트리에스테, 우디네 4개의 현으로 구성되어 있다.

프리울리베네치아줄리아 지역의 파스타	
파스타	**특징**
뇨키 데 프루녜 Gnocchi de prugne 19p-49번	로마제국시대부터 먹음. 자두를 뇨키 안에 넣어 만듦. 반죽은 감자, 세몰리나, 다용도 밀가루로 만든다.
피스툼Pistum	뇨키이다. 돼지 육수에 익혀 먹음. 반죽은 빵가루, 설탕, 달걀, 건포도, 잣, 버터, 시나몬으로 만든다.
찰촌Cjalzon 18p-42번	프리울리베네치아줄리아주의 반달모양 라비올리이다. 반죽은 밀가루 300g, 듀럼밀 세몰리나 420g, 물 360ml, 올리브오일 30ml, 소금 3g을 혼합해서 만든다. 소는 시나몬 등의 향신료와 감자, 리코타, 말린 과일 등으로 만들거나 고기를 넣거나 살시차 소시지를 넣기도 한다.
오펠레Ofelle	고기로 속을 채운 라비올리 반죽은 다목적 밀가루, 감자, 달걀, 베이킹 소다를 혼합해서 만든다.
블레키Bleki	프리울리 지역의 방언으로 '천조각', '넝마조각'이란 뜻으로 시트 반죽을 사각형이나 삼각형으로 대충 자른 시트 모양 파스타이다. 표준어는 스트라치이다. 반죽은 메밀가루, 밀가루, 치즈, 달걀 등을 넣고 만든다.

② 수많은 유물로 관광객이 많이 찾는 **베네토**^{Veneto}**주와 베네치아**

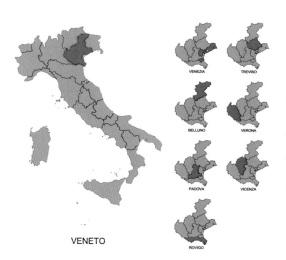

VENETO

이탈리아 북동부에 있는 인구 4백9십만 명 이상의 주이다. 유명한 도시로는 '베네치아'가 있다. 동쪽으로는 프리울리 베네치아줄리아와 경계하고 있고, 서쪽으로는 롬바르디아, 남쪽으로는 에밀리아로마냐와, 북쪽으로는 트렌티노알토아디제 및 오스트리아와 경계하고 있다.

수세기 동안 베네치아 공화국으로 독립을 유지하였으나, 1866년 이탈리아와 통일된다. 오늘날 베네토는 많은 유물로 인해 매년 6천만 명 이상의 관광객들이 찾고 있다.

베네토주와 베네치아 지역의 파스타	
파스타	**특징**
비골리Bigoli	핸들식 고압축기인 '비골라로bigolaro'로 스파게티 모양으로 뽑아낸 롱 튜브형 파스타이다. 반죽은 통밀가루와 오리알, 우유, 버터로 만들거나 00밀가루에 물이나 달걀을 넣어 만들기도 한다.
오징어 먹물 스파게티 Squid ink pasta 23p-28번	오징어를 손질할 때 먹물주머니가 터지지 않도록 내장을 제거하여 사용. 반죽은 세몰리나, 오징어먹물, 물로 만든다.
라디키오 탈리올리니 Radicchio tagliolini	베네토주 트레비소 지방의 특산물인 라디키오 채소 퓌레가 들어간 탈리올리니이다. 라디키오 탈리올리니 반죽은 세몰리나 밀가루, 00밀가루, 달걀 노른자, 라디키오 퓌레를 섞어 만든다. 채소 라디키오의 쌉쌀한 맛이 살아 있는 파스타이다. 너비 2mm, 길이 25cm
폴렌타 뇨키Gnocchi di polenta	옥수숫가루 폴렌타를 주식으로 먹는 베네토주와 롬바르디아주의 사람들이 만들어 먹는 뇨키이다. 반죽은 폴렌타가루, 물, 우유, 소금, 달걀, 00밀가루를 섞어 만든다. 냄비에 반죽을 넣고 폴렌타처럼 익힌 다음 뇨키모양으로 성형하여 삶는다.

③ 오스트라아나 헝가리에 있는 듯한 느낌의 **트렌티노알토아디제**Trentino Alto Adige

TRENTINO ALTO ADIGE

오스트리아와 국경을 접하고 있어 이탈리이가 아닌 오스트리아나 헝가리에 있는 듯한 느낌을 받는 이탈리아 최북단에 있는 주이다. 트렌티노알토아디제의 북부지역은 알토아디제, 남부지역은 트렌티노이다.

북부지역인 알토아디제는 제1차 세계대전 전에는 오스트리아-헝가리제국의 영토에 속해 있다가 이탈리아의 지배를 받게 되었다.

남부지역인 트렌티노는 독일 영토였으나 제1차 세계대전 후에 이탈리아의 영토가 되었다. 이러한 이유로 이탈리어와 함께 독일어가 공용어로 사용된다.

지역적으로 이탈리아 북쪽에 위치하고 있어 한여름인 7월과 8월의 무더위에도 트렌티노알토아디제는 시원하다. 이러한 기후적 특성으로 인하여 겨울 저장음식이 잘 발달되었다.

트렌티노알토아디제 지역의 파스타

파스타	특징
카네데를리Canederli	큼직한 빵뇨키이다. 트렌티노알토아디제주의 대표적인 향토요리이다. 딱딱한 빵에 물을 넣고 부드럽게 만들어서 밀가루, 달걀, 치즈와 섞어 반죽한 다음, 동그랗게 만들어 삶는다.
파스티초 디 마케로니 Pasticcio di maccheroni	마카로니 파스타가 들어간 고기 파이
뇨케티 티롤레시 Gnocchetti tirolesi	'티롤tirol'풍의 작은 뇨키를 뜻하며 알갱이형 파스타에 해당하고 슈페츨리의 표준어이다.
슈페츨리Spatzli	트렌티노알토아디제 지역의 알갱이형 파스타이다. 독일, 오스트리아에서 시작하여 인접한 트렌티노알토아디제 지역에 전해졌다. 반죽은 밀가루, 물, 우유, 달걀을 혼합하여 묽게 만든다. 슬라이서식 도구를 통과시켜 뜨거운 물에 떨어뜨려 만든다. '슈파츨레spatzle'라고도 한다.
살구 뇨키 Gnocchi di patate alle albicocche 19p-49번	알토아디제 지방요리로 감자뇨키 반죽으로 살구를 감싸서 만든다. 알토아디제는 중앙유럽 문화의 영향으로 음식이 발전했는데 체코, 슬로바키아, 보헤미아에서 뇨키에 과일을 넣어 만드는 것이 전해졌다.

④ 경제적으로 부유한 밀라노가 있는 **롬바르디아** Lombardia

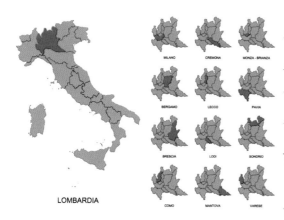

롬바르디아 Lombardia는 이탈리아 북쪽에 위치에 있다. 지리적으로 북쪽에는 알프스 산맥이 있고 남쪽에는 최대의 곡창지대인 롬바르디아 평원이 있다. 주도는 밀라노로 이탈리아 최대의 상공업, 금융의 중심지이고 많은 기업의 본사가 있다.

롬바르디아 평원에서는 벼농사를 짓는다. 이는 알프스 정상에서 내려온 풍부한 물이 쌀 농사를 가능하게 했기 때문이다. 롬바르디아 평원에서의 쌀 농사와 사료재배는 돼지와 소사육을 가능하게 해주었고 롬바르디아인들은 단백질 음식을 풍성하게 먹을 수 있었다. 특히, 이 지역 쌀을 이용해 만든 리소토 알라 밀라네제(밀라노식 리소토)는 대표적인 밀라노 요리이다.

롬바르디아 지역의 파스타

파스타	특징
베르가모와 브레시아의 카손세이 Casonsei	롬바르디아주의 만두형 파스타. 원형 시트를 2겹으로 접은 다음 U자 모양으로 구부려서 성형한다. '카손첼리 Casoncelli'라고도 한다. 생파스타로 중력분, 달걀, 올리브오일로 반죽한다.
발텔리나풍의 피초케리 Pizzoccheri 15p-6번	롬바르디아주 북부의 산맥인 발텔리나 지역이 원조이다. 만드는 방법은 2가지가 있다. 1. 메밀가루가 주가 되는 가로 5cm, 세로 1cm의 직사각형 파스타로 반죽은 메밀가루, 경질밀, 물, 올리브오일, 소금으로 만든다. 2. 슈페츨리용 슬라이서식 도구를 사용하여 뜨거운 물에 떨어뜨려 만드는 작은 알갱이형 파스타이다.
로멜리나 지역의 카펠로니 Cappelloni	카펠로니 Cappelloni는 만두형 파스타로 가운데가 볼록하게 올라온 삼각모자 모양으로 얇은 원형시트에 속재료를 채워넣고 반으로 접어 뒤틀린 모양으로 만든다. 보통 가벼운 소스 혹은 수프나 파스타 샐러드로 제공된다. 작은 것은 카펠레티 Cappelletti, 큰 것은 카펠로니 Cappelloni이다.
마루비니 Marubini	롬바르디아 지역의 대표적인 라비올리
단호박 토르텔리 Tortelli 18p-44번	토르텔리는 이탈리아 중부에서 북부지역에서 불리는 라비올리의 명칭이다. 모양은 평평한 삼각형, 원형, 반원형 모양으로 가운데가 혹처럼 튀여 올라 있거나 링 모양이 있다. 롬바르디아에서 많이 재배되는 단호박을 넣은 롬바르디아주 만토바 지방의 전통요리이다. 르네상스시대 이전부터 먹던 음식으로 지금도 크리스마스 이브에 먹는 전통음식이다.

⑤ 최고의 휴양지이고 파스타를 먹지 않는 **발레다오스타**^{Valle d'Aosta}

알프스산맥에 둘러싸인 산악지역이다. 산과 계곡으로 둘러싸인 발레다오스타는 최고의 휴양지이다. 서쪽에는 프랑스, 북쪽에는 스위스, 남쪽과 동쪽에는 피에몬테주와 접하고 있다. 또한 이곳에는 프랑스 국경에 있는 몽블랑산도 있다.

발레다오스타는 '유럽의 지붕'이라 불리며 알프스산맥의 가장 높은 봉우리인 그란 파라디소, 몬테로사, 몬테비안코, 체르비노가 있다. 발레다오스타의 요리는 이탈리아의 다른 지역과 달리 요리가 단순하다. 이 지역 대표음식은 폰두타(퐁뒤)이다.

VALLE D'AOSTA

발레다오스타 지역의 요리

파스타	특징
폴렌타^{Polenta}	발레다오스타 지역 사람들은 파스타를 즐겨 먹지 않는다. 옥수숫가루로 반죽해서 만든 폴렌타라고 하는 요리를 먹는다. 폴렌타는 호밀빵이나 구운 베이컨과 함께 먹는다.
아오스타풍 커피 그롤라^{Grola}	추운 겨울을 나기 위해 발레다오스타 사람들이 즐겨 먹는 것이 아오스타풍 커피 그롤라이다. 난로 위에 커피포트를 올리고 커피, 레몬껍질, 설탕, 그라파를 부은 후에 성냥으로 불을 붙여 알코올 성분을 날려보낸다. 불이 붙어 있는 것을 보고 커피향을 맡고 있으면 몸이 따뜻해지고 그윽한 커피향과 맛이 추억이 된다.
퐁뒤^{Fondue}	치즈나 퐁뒤를 끓이거나 비슷한 종류의 수프를 진하게 끓여서 빵과 함께 먹는다.

⑥ 비싼 식재료로 만든 맛있는 음식이 풍부한 **피에몬테**Piemonte

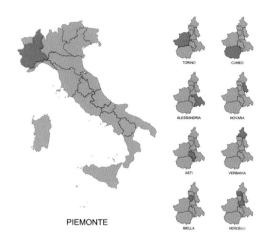

이탈리아의 북서부에 위치한 주이고 주도는 토리노이다. 삼면이 알프스산맥으로 둘러싸여 있고, 프랑스와 스위스에 국경을 접하고 있다. 이 지역은 이탈리아의 중요한 공업지대로, 토리노에는 피아트사의 본사가 있다.

피에몬테 요리의 대부분은 송로버섯, 쇠고기안심 등 비싼 재료로 만들어지기 때문에 밀가루 반죽으로 만든 파스타 등은 괄시한다.

피에몬테 사람들에게 파스타는 재료와 돈을 절약하면서 허기를 달래기 위한 음식으로 인식되고 있다. 피에몬테 지역의 특별요리 중 프리모 피아토로 쌀을 주재료로 한 리소토 요리가 유명하다.

피에몬테 지역의 파스타

파스타	특징
아뇰로티Agnolotti 18p-45번	아뇰로티는 큰 만두형 라비올리로 '아넬로티Agnellotti'라고도 한다. 사각모양이나 둥근 모양의 시트에 속을 넣고 시트를 위에 덮고 잘 붙게 눌러주면 가운데 부분이 혹처럼 볼록하게 튀어 나온 모양을 하고 있다. 원조는 동그란 모양이었지만, 지금은 사각형 모양으로 만드는 경우가 많다. 리구리아의 라비올리와 흡사하지만 피에몬테에서는 고기와 달걀, 치즈를 기본으로 해서 속을 채운다. 휴일이나 축제, 크리스마스 특식으로 즐겨 먹는다.
타야린Tajarin 16p-17번	피에몬트주가 그 본산이며 피에몬테의 유일한 달걀 반죽 파스타로 타야린Tajarin이라 부른다. 탈리올리니, 탈리에리니의 다른 말로 피에몬테주의 사투리이다. 반죽은 00밀가루에 많은 양의 달걀 노른자를 넣고 만든다. 타야린은 달걀 노른자의 깊은 맛을 느낄 수 있다.
아뇰로티 델 플린 Agnolotti del plin 18p-36번	피에몬테주의 작은 만두형 파스타이다. 플린은 '집다'라는 의미로 성형할 때 반죽을 손가락으로 집는 데서 유래되었다. '아뇰로티 달 플린'이라고도 한다.

⑦ 건조 파스타가 청년으로 성장한 **리구리아**^{Liguria}

리구리아^{Liguria}는 이탈리아 북서부에 위치한 주로 주도는 제노바이다.

산악지대가 많고 산악지대에 붙어 있는 긴 해안선은 길이가 350km에 달한다. 이러한 지리적 환경으로 리구리아 사람들은 바다에 나가 뱃사람으로서 삶의 터전을 마련하였고, 땅으로 귀환하여 산악지대의 쥐구멍만 한 좁은 땅에 불규칙한 돌담을 쌓아 올려 다른 곳에서는 별로 환영받지 못하는 허브류, 계절 채소, 달걀 등의 소소한 농산물을 경작하며 구두쇠

GENOVA

IMPERIA

LA SPEZIA

LIGURIA

SAVONA

라는 말을 들을 정도로 절약하는 습관이 자연스럽게 배게 하였다.

건조 파스타를 많이 생산하는 지역이다. 또한 리구리아는 채소를 경작하지 않고 땅에 올리브나무를 빼곡히 심었고 이곳의 올리브나무는 300년이나 되고 올리브숲은 3000년 전부터 있었다. 산악지대에 있는 올리브나무는 농기계 접근이 힘들어 직접 손으로 열매를 수확하는데 이렇게 수확한 올리브열매로 추출한 올리브오일은 이탈리아에서 가장 뛰어난 올리브오일 중 하나이다. 리구리아의 뛰어난 올리브오일은 세계적으로 유명한 제노바의 페스토 소스를 만드는 필수 재료이다.

리구리아 지역의 파스타	
파스타	**특징**
트로피에^{Troffie 17p-27번}	리구리아의 대표 파스타이다. 막대모양 반죽의 양끝을 비틀어서 어뢰모양으로 만든 쇼트 파스타이다. 중세시대에 배에서 요리사가 파스타 반죽을 하다가 손에 묻은 반죽을 양손으로 비벼서 떼어내다가 만든 데서 유래되었다.
트레네테^{Trenette 15p-10번}	린귀네와 똑같은 것으로 제노바의 방언이다. 올가미나 끈을 뜻하는 제노바 방언 Trene에서 유래했다. 페스토 알라 제노베제 소스에 버무려 먹는다.
파촐레티^{Fazzoletti}	손수건이란 단어에서 파생된 이름 페스토 소스에 버무려 먹음
코르체티^{Corzetti 17p-30번}	코르체티의 어원은 '크록세티^{croxetti}'에서 온 것으로 코르체(십자가) 무늬를 찍은 것에서 붙여졌다고 한다. 중세시대에 종교행사와 축제 때 먹었던 것으로 무늬는 종교적인 문양, 귀족가문의 문양, 화초문양 등이 있다. 작고 납작한 디스크 모양의 파스타로 2가지가 있다. 1. 목제 스탬프로 양면을 찍어낸 파스타로 리구리아주 제노바 동쪽의 레반테에서 만든다. 2. 작은 반죽덩어리를 잡아당겨 비틀고, 눌러 만든 평평한 8자 모양의 파스타로 리구리아주 제노바 주변의 풀체베라 계곡에서 만든다.
판소티^{Pansoti}	리구리아 지역의 대표적인 만두형 파스타로 삼각형을 하고 있다. '보라지네'라는 푸른잎 채소와 여러 채소들과 리코타 치즈를 넣어 만든다.
가세^{Gasse}	파르팔레처럼 나비모양 파스타이다.
바베테^{Bavette}	제노바에서 만들어진 파스타로 자른 면이 타원형을 하고 있는 롱 파스타이다. 린귀네보다 너비가 약간 넓다.
피카제^{Picagge}	리구리아주에서 리본모양 파스타를 피카제라고 부른다. 피카제는 '가구에 걸어놓은 천'이란 뜻이다. 비슷한 모양으로 탈리아텔레, 파파르델레가 있다. 반죽은 보통 연질밀가루로 하지만 밤가루나 시금치 퓌레를 넣기도 한다. 리구리아 아펜니노산맥은 밤나무가 많은 지역으로 밤가루를 파스타에 사용해 왔다.
제노베세 페스토 린귀네	리구리아의 대표 파스타

⑧ 이탈리아의 남쪽과 북쪽의 두 이미지를 그대로 반영한 **에밀리아로마냐**Emilia-Romagna

에밀리아로마냐는 이탈리아 북부에 있는 주로 주도는 볼로냐이다. 산지가 많은 이탈리아에서 에밀리아로마냐는 평지 중에서도 가장 땅이 평탄하고 물이 풍부한 지역이다. 포강 유역의 비옥한 평야지대에서는 다양한 농산물이 생산된다. 1948년 이탈리아 공화국 성립 후 에밀리아와 로마냐 두 지방이 합쳐져 에밀리아로마냐주가 되었다.

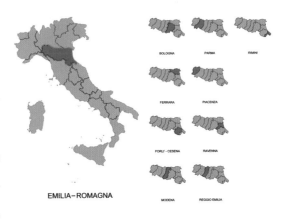

에밀리아로마냐의 모습은 이탈리아의 남쪽과 북쪽의 두 이미지를 그대로 반영한다. 로마냐가 예부터 늘 가난하고 문제가 많이 발생하는 지역이라면 에밀리아는 반대로 늘 풍족한 도시였다. 그래서 에밀리아와 로마냐는 두 이미지, 두 운명, 두 영혼을 상징한다. 서쪽의 부유한 에밀리아에서는 파스타에 달걀을 넉넉히 넣은 생파스타로 유명하고, 음식 대부분이 흰색을 띠고 있으며, 동쪽의 가난한 로마냐는 파스타를 만들 때 달걀을 넣지 못해 밀기루와 물만으로 만든 반죽은 '빈곤의 상징'이기도 하며 소스는 토마토와 붉은 고추를 넣어 붉은색을 띤다. 튀김도 서쪽의 에밀리아는 빵가루를 입히고, 동쪽의 로마냐는 누런 밀가루 옷을 입힌다. 이처럼 한 주의 반반을 차지하는 두 지역의 음식문화가 다르다.

아펜니노산맥의 밤나무와 참나무 숲에는 돼지 사육이 왕성하다. 이곳 돼지는 땅에 떨어진 도토리를 먹고 자란다. 에밀리아와 로마냐는 세계에서 가장 유명한 살루메인 프로슈토 디 파르마와 쿨라텔로 디 치벨로를 생산하고 세계에서 가장 유명한 숙성치즈인 파르미자노레자노를 생산한다. 또한 모데나에서는 어떤 식초와도 비교할 수 없는 특산품인 모데나 발사믹 식초를 만든다.

에밀리아로마냐 지역의 파스타	
파스타	**특징**
가르가넬리Garganelli 17p-32번	가르가넬리는 '기관지 연골'이라는 뜻으로 '페티네Pettine'라는 목판과 연필 모양의 막대로 말아서 만듦 1700년대 추기경 만찬회를 준비하는 과정에서 고양이가 카펠레티 속재료를 먹어버려서 요리사가 임기응변으로 만든 것이라고 한다.
말탈리아티Maltagliati	시트모양 파스타로 마름모꼴이나 불규칙한 사각형모양이다. 비슷한 모양으로 스트라치가 있다.
스트로차프레티Strozzapreti	에밀리아로마냐주 동부의 로마냐 지방에서 시작되었다. 로마냐 지방은 가난으로 고통받던 지역으로 달걀을 사용하지 못하고 밀가루와 물만으로 반죽을 만들었다. 짧은 직사각형 시트 반죽을 양손으로 비튼 다음 손으로 비벼서 늘린 조금 짧은 롱 파스타이다. '목이 막혀 죽은 성직자'라는 뜻을 갖고 있는 파스타로 스트로차프레티의 모양을 보면 목이 조여 막힌 것같이 보인다.
스트리케티Strichetti	에밀리아로마냐주의 나비모양 쇼트 파스타로 파르팔레와 같다. 모데나 지역에서 부르는 이름이다. '묶다, 합치다' 등의 뜻으로 얇은 직사각형 시트 반죽 가운데를 집어서 주름지게 만든 데서 붙여진 이름이다.
카펠라치Cappellacci 18p-41번	'작은 모자'라는 의미처럼 모자모양. 얇게 민 생면 파스타를 네모나게 잘라 소를 넣고 삼각형으로 2겹 접은 후, 아래쪽 끝을 붙여 긴 모자모양으로 만든다. 토르텔리니보다 조금 크다.
카펠레티Cappelletti	이탈리아 중부~북부에서 먹는 라비올리를 뜻한다. 1200년 후반에 에밀리아에서 만들어졌다. 오븐에서 구워낸 케이크를 뜻하는 '토르타torta'에서 유래되었다. 주로 기름에 튀겨 먹었기에 파스타로 인정하지 않았다. 링모양 만두형 파스타로 토르텔리니보다 조금 크다.
토르텔리Tortelli 18p-44번	에밀리아로마냐 지역의 파스타이다. 얇게 민 시트를 둥글게 잘라 소를 넣고 작은 반달모양으로 만든 후 양끝을 붙여서 만든 만두형 파스타이다. 비너스의 배꼽모양을 보고 만들거나 볼로냐의 한 후작 딸의 배꼽을 보고 만들었다는 이야기가 있다. 볼로냐에서 성탄절이나 부활절에 고기육수에 삶아 먹는다. 카펠라치와 같다. 롬바르디아주의 아뇰리니와 같은 종류이다.
토르텔리니Tortellini	리구리아주에서 리본모양 파스타를 부를 때 피카제라 부른다. 피카제는 '가구에 걸어놓은 천'이란 뜻이다. 비슷한 모양으로 탈리아텔레, 파파르델레가 있다. 반죽은 보통 연질밀가루로 하지만 밤가루나 시금치 퓌레를 넣기도 한다. 리구리아 아펜니노산맥은 밤나무가 많은 지역으로 밤가루를 파스타에 사용해 왔다.
탈리아텔레Tagliatelle 15p-7번	에밀리아로마냐의 대표적인 수제 롱 파스타이다. 탈리아텔레는 '자른 것'이란 뜻이다. 얇게 민 시트 반죽을 칼로 6~8mm의 너비로 가늘게 자른 파스타이다. 에밀리아 지역에서 처음 만들어져 이탈리아 북부, 중남부 지역으로 퍼져나갔다. 반죽은 연질밀가루 00에 달걀을 넣어 만든다. 반죽을 얇게 밀어 6~8mm 너비로 잘라 만든 롱 파스타이다. 탈리아텔레는 '자른 것'이란 뜻이다. 탈리아텔레보다 가는 것은 탈리올리니이다.
탈리올리니Tagliolini15p-1번	에밀리아로마냐 지역에서 처음 시작하여 이탈리아 전 지역으로 퍼졌다. '가늘게 자른 것'이란 뜻으로 자른 면이 직사각형이며 너비는 2~3mm 되는 롱 파스타이다. 반죽은 00밀가루와 달걀로 만든다. 같은 것으로 탈리에리니가 있고 탈리올리니보다 너비가 넓은 것이 탈리아텔레이다. '보라지네'라는 푸른잎 채소와 여러 채소 및 리코타 치즈를 넣어 만든다.

파르팔레Farfalle 17p-25번	에밀리아로마냐주의 '나비'라는 뜻처럼 '나비모양'의 쇼트 파스타이다. 모데나 지역에서는 스트리케티Strichetti라고 한다. 파르팔레보다 작은 것은 '파르팔레테Farfallette'라고 한다.
파사텔리Passatelli	에밀리아로마냐주의 빵가루로 만든 쇼트 파스타로 '체에 내리다Passata'라는 뜻을 갖고 있다. 반죽은 빵가루, 달걀, 치즈로 만든다. 구멍 뚫린 전용도구에 넣고 눌러서 뜨거운 물에 떨어뜨려 만든다. 포테이토매셔를 종종 사용하기도 한다. 린귀네보다 너비가 약간 넓다.
파스타 그라타타 Pasta grattata	에밀리아로마냐주의 알갱이형 파스타이다. 그라타타는 '갈다'라는 뜻이다. 밀가루 반죽을 치즈용 강판 등으로 갈아 만든다. 반죽은 00밀가루, 세몰리나 밀가루, 빵가루, 파르미자노 치즈, 레몬 제스트 간 것, 달걀 노른자를 넣어 만든다.
피사레이Pisarei	에밀리아로마냐주 피아첸차의 유명한 파스타이다. 옛날 귀한 밀가루를 아끼기 위한 농민들의 지혜가 담긴 파스타로 밀가루에 남은 빵을 이용해서 가루를 내어 섞어서 만들며 모양은 작은 뇨키와 비슷하다.
카라멜레Caramelle 18p-37번	사탕모양과 비슷해서 캐러멜 캔디라고 붙여진 이름이다. 에밀리아로마냐주가 원조이다. 소는 리코타와 녹색채소를 많이 사용한다.
로톨로Rotolo	에밀리아로마냐주를 중심으로 한 이탈리아 북부 지역의 요리이다. 반죽을 시트모양으로 얇게 밀고 소를 채워 칸넬로니처럼 튜브모양으로 말아 중간을 자른 후 오븐용 도자기 그릇에 자른 면이 위로 올라오게 여러 개 담아 오븐에서 구워내는 요리이다.

■ 중부지역

① 메디치 가문의 위대한 유산이 남아 있는 **토스카나**Toscana

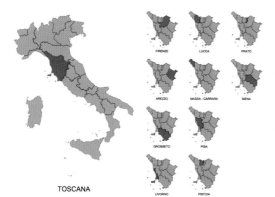

이탈리아 중부에 위치한 주이다. 주도는 피렌체이다. 피사, 시에나, 리브르노 등의 도시로 구성되어 있다. 고대 에트루리아인들이 살던 영토와 겹치며, 토스카나 대공국이었고, 현재 통일 이탈리아 왕국으로 흡수되었다.

피렌체에는 메디치 가문의 위대한 유산과 산티크로체 교회나 파티 궁전 등 수많은 역사적 유물이 많이 남아 있는 곳이다.

토스카나(Toscana)는 와인으로 유명하다. 특히 이탈리아 와인의 본고장이며, 짚으로 싼 키안티(Chianti)와인은 이탈리아 대표 와인이다.

토스카나에서는 단순하게 만드는 요리를 선호한다. 토스카나에서는 재료를 비가열하여 먹거나 불 위에 살짝 익혀 먹는 방법을 선호한다.

토스카나 지역의 파스타

파스타	특징
쿠스쿠스Couscous	토스카나의 긴 해안선에 위치한 리보르노 도시에 사는 유대인들이 공동체를 형성하여 다양한 요리를 만들었다. 그중에 임시로 튀니지 회교도들 사이에 있다가 귀환한 유대인들이 아프리카의 쿠스쿠스를 이탈리아 방식으로 요리해 냈다. 이후 쿠스쿠스는 이탈리아 토스카나 지역에서 인기 있는 음식이 되었다.
테스타롤리Testaroli	토스카나 북서부에서 만들어 먹는 크레이프(크레페)모양의 파스타이다. 반죽은 연질밀가루에 물을 섞어 묽게 만든다. 얕은 철제냄비인 '테스트'에 구운 다음, 작게 잘라 삶아서 요리한다. 고대 로마시대부터 먹어왔던 긴 역사를 가지고 있는 파스타이다.
파파르델레 Pappardelle 23p-36번	토스카나 지역이 원조이다. 리본파스타 중 너비가 3cm 정도로 가장 넓다. 반죽은 연질밀가루와 달걀로 만든다.
피치Pici 17p-26번	토스카나주의 시에나 지역에서 시작하였다. 고대 이탈리아의 에트루리아 시대부터 먹었던 긴 역사를 갖고 있다. '손으로 굴리다'라는 뜻처럼 손으로 밀고 늘려서 우동모양으로 만든 굵은 파스타이다. 반죽은 연질밀가루와 물, 소금을 넣어 만든다. 움브리아주에서는 스트란고치, 움브리아주는 움부리첼리, 바실리카타주에서는 마나테, 이탈리아 남부에서는 스파게토니라고 한다.

② 이탈리아의 푸른 심장 **움브리아**^{Umbria}

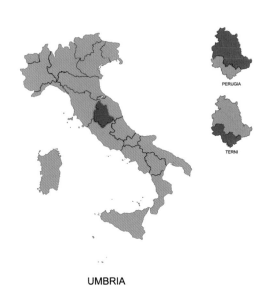

UMBRIA

이탈리아 중심부에 위치해 있으며 아름다운 아펜니노산맥과 테베레강 상류 주변에 있는 드넓은 평야를 가지고 있다.

주도는 페루자이며, 테르니, 페루자의 두 현으로 이루어져 있다.

주민은 움브리아인으로 켈트인과 에트루리아인의 압박을 피해 현재 움브리아라고 부르는 여기서 살게 되었다.

움브리아 지역의 파스타

파스타	특징
치리올레^{Ciriole}	달걀을 넣지 않는다. 움브리치^{Umbrici}는 치리올레보다 두께가 가늘다. 반죽은 달걀을 넣지 않고 세몰리나와 밀가루에 물을 넣어 만든다.
스트라파타^{Strappata}	움브리아 지역의 쇼트 파스타이다. 시트모양 반죽을 대충 당겨서 찢는 파스타로 스트라파타는 '당겨서 찢는다'라는 뜻이다. 반죽은 00밀가루에 물을 넣어 만든다.
스트란고치^{Strangozzi}	움브리아 지역의 수제 롱 파스타로 우동처럼 손으로 밀어서 만든다. 반죽은 연질밀가루에 물을 넣어 만든다. 비슷한 모양의 파스타로 움브리아 지역의 움부리첼리와 치리올레, 토스카나주의 피치, 바실리카타주의 마나테, 이탈리아 남부의 스파게토니가 있다. 반죽은 가난했던 시대에 만들어 먹던 레시피 그대로인데 달걀을 사용하지 않고 00밀가루와 물만으로 만든다.
스트린고치^{Stringozzi}	움브리아주의 롱 파스타로 자른 면이 키타라와 톤나렐리와 같은 정사각형이다. 기본 반죽은 00밀가루에 물을 넣어 만든다. 비슷한 파스타로 아브루초의 키타라, 로마의 톤나렐리가 있는데 이것보다는 약간 가늘다.
움브리첼리^{Umbricelli}	수제 롱 파스타로 우동처럼 손으로 밀어서 만든다. 반죽은 연질밀가루와 물로 만든다. 같은 모양 파스타로는 움부리아주의 스트란고치와 치리올레, 토스카나주의 피치, 바실리카타주의 마나테, 이탈리아 남부의 스파게토니가 있다.

③ 개량하고 발전시키는 모습이 멋진, 이탈리아의 일본이라 할 수 있는 **마르케**^{Marche}

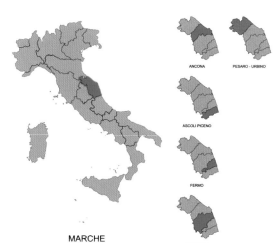

마르케는 이탈리아 중부에 위치해 있고 아드리아해와 접하고 있다. '마르케'라는 지역이름은 고대 로마인들의 후작들이 다스렸던 변방지대를 이르던 말에서 유래되었다.

중세 때부터 마르케 지역은 산업이 발달하여 유능한 기술자가 많은 것으로 그 명성이 자자했다. 안토나 지역 조선소에서는 전 세계의 큰 화물선들이 만들어졌으며 마르케 협동조합에서는 가정용품, 가전제품, 신발, 오토바이 등 많은 제품을 생산한다. 이 지역 사람들은 모두 열심히 공부한다. 전 세계적으로 유명한 우르비노대학이 있다.

마르케 사람들은 요리를 진지하게 대하고 연구 개발하는 데 취미를 갖고 있다.

이 지역 대표 요리들은 번거롭고 복잡한 과정을 거쳐 완성시키는 고급요리가 많다. 속을 채운 숫양의 머리 고기요리, 아스파라거스와 프로슈토로 속을 채운 칸넬로니, 오징어류인 칼라마로에 잘게 다진 송아지고기로 채운 요리가 있다.

마르케 지역의 파스타

파스타	특징
프라스카렐리^{Frascarelli}	마르케 지역에서 밀가루에 물을 뿌려 만든 알갱이형 파스타이다. 프라스카렐리는 나뭇잎에 물을 찍어 밀가루에 뿌려 만들어 '잎이 달린 나무줄기'라는 뜻을 갖고 있다.
마케론치니^{Maccheroncini}	마케론치니는 '가는 마케로니'라는 뜻으로 중세시대에 마르케주 캄포필로네의 수도원에서 처음 만들었다. 반죽은 밀가루와 달걀로 만들며 얇게 민 시트를 칼로 최대한 가늘게 썰어 만든다. 파스타가 가늘어서 '카펠리 단젤로'라 부르기도 한다.
톤나렐리^{Tonnarelli}	키타라와 비슷하며 로마에서 시작한 파스타이다. 이름은 로마의 방언으로 지금은 다른 지역에서도 사용한다. 면은 키타라와 같은 정사각형인 롱 파스타이다.

④ 수많은 여행자들이 방문하는 **라치오**Lazio **주와 로마**Rome

라치오주는 이탈리아에서 세 번째로 인구가 많고 두 번째로 큰 경제 규모를 갖고 있다.

로마는 기독교 세계의 순례자들과 수많은 여행자들이 방문하는 곳으로 노동 인구의 대략 73%가 서비스업에 근무한다. 라치오주에서는 대개 생파스타를 만들어 먹는다.

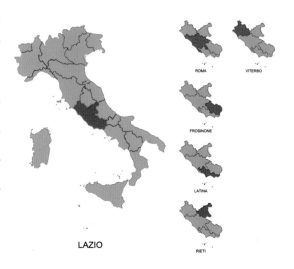

라치오주와 로마 지역의 파스타

파스타	특징
탈리아텔레Tagliatelle 15p-4번	1450년경 마스트로 마르티노라는 조리장이 라사녜를 돌돌 말아서 손가락 넓이로 자르는 면을 로마식 마케로니라 부름
페투치네Fettuccine 15p-5번	에밀리아로마냐주가 원조이고 에밀리아로마냐주에서는 페투치네라 부르고 다른 지역으로 전파되어 탈리아텔레라 불린다. 로마식 탈리아텔레로 부르는데 탈리아텔레보다는 면이 굵다. 색이 있는 채소를 넣어 착색하지 않는 면에 속한다.
콘킬리에Conchiglie	로마식 뇨키라고도 한다. 가는 줄무늬가 새겨진 조개모양을 하고 있다.
세몰리나 뇨키 Gnocchi di semola	'로마풍 뇨키Gnocchi alla romana'라고 부르며 원형틀로 찍어낸 뇨키이다. 반죽은 세몰리나 밀가루와 우유, 달걀, 파르미자노 치즈를 넣고 만들어 폴렌타처럼 익힌 다음 원형틀로 찍어내 오븐에 굽는다. 오븐에 구울 때 버터와 파르미자노 치즈를 뿌려 굽는다.
알라마트리차나 부카티니 Bucatini all'amatriciana 23p-33번	로마의 대표적인 파스타 요리

⑤ 맛을 잘 내는 요리사들이 많은 **아브루초**^{Abruzzo}**와 몰리세**^{Molise}**주**

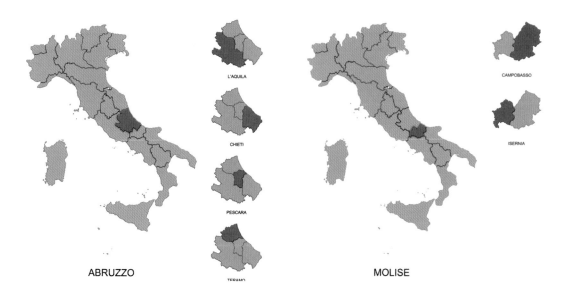

아브루초와 몰리세는 이탈리아 중앙에 있다.

이 지역은 다른 곳과 구별되는 고유의 기질을 가진 지역이다. 특히, 이곳 요리사 출신들은 거의 종교적일 정도로 신임을 받는데 특히 맛을 분별하는 재능과 재료를 배합하는 데 천부적인 능력을 가지고 있다. 또한 이탈리아 특별요리이며 전 세계에서 사랑받는 파스타 알라 카르보나라^{Pasta alla carbonara}가 이 지역에서 만들어졌다.

아브루초는 높이가 3,000m에 이르는 아펜니노산맥 지역에 있고 지역의 절반이 국립공원이다. 온통 울창한 산림지대에서 숯을 구워 목탄을 파는 사람들인 '숯쟁이들^{Carbonai}'은 염장한 돼지고기와 양치즈, 숲의 메추라기 둥지 안에서 얻은 달걀로 '카르보나라'를 만들어 먹었다.

몰리세와 아브루초에서는 '마케로니 알라 키타라'라는 파스타를 만들어 먹는다. 이 파스타는 '키타라'라 부르는 특수한 도구로 면을 만든다. 이 도구는 금속 줄이 팽팽하게 매여 있는 틀로 실제 기타와 비슷하게 생겼다.

아브루초와 몰리세 지역의 파스타	
파스타	**특징**
키타라^{Chitarra 15p-1번}	아브루초의 전통 롱 파스타이다. 몰리세와 아브루초의 파스타는 키타라^{Chitarra}라는 전통 파스타 성형기로 팽팽한 현과 면봉을 이용해 국수처럼 면을 자른다. 반죽은 세몰리나^{Semolina} 밀가루에 달걀을 넣어 탄력 있게 만든다. 비슷한 모양의 파스타는 움브리아주의 스트란고치, 로마의 톤나렐리가 있다.
사녜 아 페치 Sagne a pezzi	작게 자른 사녜이다. 사녜는 시트모양 파스타로 이탈리아 남부의 고유 명칭이다.
스크리펠레^{Scripelle}	프랑스에서 전해진 크레이프로 아브루초주를 대표하는 파스타이다. 표준어는 크레스펠레^{Crespelle}이다. 반죽은 밀가루, 달걀, 우유, 버터로 만든다. 프랑스 크레이프보다 더 두툼하게 부쳐서 만든다.
타코니^{Tacconi 16p-13번}	타코니는 '천조각', '넝마조각'이란 뜻으로 시트모양 반죽을 마름모나 사각형으로 자른 파스타이다. 아브루초 지역에서 부르는 파스타 이름이다. 반죽은 연질밀가루를 바탕으로 세몰리나 밀가루, 콩가루, 옥수숫가루를 넣어 만든다.
타코체테^{Taccozzette}	타코니와 비슷한 모양의 작은 마름모꼴의 건조 파스타이다. 아브루초 지역에서 시작되었다. 가장자리는 물결모양과 평평한 모양 등이 있다.

▪ 남부지역

① 베수비오 화산 폭발로 뒤덮인 고대도시 폼페이가 있는 **캄파니아**^{Campania} **주와 나폴리**^{Naples}

NAPOLI SALERNO

AVELLINO

BENEVENTO

CAMPANIA

CASERTA

캄파니아주의 나폴리는 베수비오 화산 폭발과 화산암으로 뒤덮인 폼페이가 유명하다.

이 지역은 고대 로마제국 이후 노르만족, 스베비아인, 아라곤 왕국, 앙주 왕가, 부르봉 왕가, 사보이 가문으로 지배자가 바뀌어왔다. 하지만 오랜 세월 동안 나폴리 사람들은 이탈리아 기질을 유지해 왔고 전통요리를 개발해 왔다.

나폴리의 토마토 소스를 곁들인 마케로니 알 포모도로와 조개를 첨가해 만든 스파게티 콘 레 봉골레, 그리고 나폴리 피자를 개발하였다.

캄파니아주의 영토는 비옥하고 기후는 겨울에는 따뜻하고 여름에는 덥지 않다. 캄파니아의 평야는 이처럼 좋은 자연조건에서 농산물로는 토마토 품종인 '산 마르차노^{San marzano}'가 넓은 재배지에서 경작되고 있다. 또한 카르초포, 사과, 살구, 흰 무화과, 고추, 양파, 레몬, 감자, 오렌지, 회향 등 농산물의 수확이 많다. 또한 마카로니를 만드는 듀럼밀을 많이 생산한다.

캄파니아주와 나폴리 지역의 파스타	
파스타	**특징**
치티Ziti	나폴리에서 시작하였다. 큰 구멍의 튜브 모양 롱 파스타이다. 나폴리에서 '신부'라는 의미이다. 결혼연회에 쓰이는 파스타이다. 부카티니보다 굵은 모양으로 부카토니라고도 부른다. 보통 30cm 정도 길이로 요리할 때 손가락 길이로 잘라 사용한다.
스파게티Spaghetti 23p-32번	1824년 안토니오 비비아나라는 시인이 쓴 '나폴리의 마케로니'라는 제목의 시에서 처음으로 언급됨. 이전에는 파스타를 '마케로니'나 '베르미첼리'라고 불렀다. 이후 스파게티 용어 등장함
푸실리Fusilli 17p-24번	가장 천재적인 파스타로 인정받고 있다. 캄파니아주 토레 안누지아타라는 지방에 살던 주민이 뜨개바늘에 길게 만든 반죽을 돌돌 감아서 만들었다고 한다.
노케테Nocchette	'작은 리본', '작은 나비넥타이' 모양의 튜브형 파스타이다. 둥근 모양의 가장자리를 마주보게 붙여 튜브형으로 만든다.
베수비오Vesuvio	베수비오 화산을 닮은 건조 쇼트 파스타로 최근에 개발되었다.
시알라티엘리Sciallatielli	캄파니아주 아말피에서 처음 만들어진 리본모양 파스타이다. 탈리아텔레와 비슷한데 약간 도톰하고 짧다. 반죽은 다른 생파스타보다 독특한데 00밀가루, 달걀, 우유, 바질촙, 올리브오일, 페코리노 치즈를 넣어 만든다.
체카루콜리Cecaruccoli	카바텔리를 캄파니아주에서는 체카루콜리라 부른다.
칸델레Candele	나폴리의 굵은 튜브모양 파스타로 '양초'라는 뜻을 갖고 있다. 치티보다 약간 굵고 길이는 50cm로 손으로 잘라서 사용한다.
칼라마리Calamari	나폴리의 튜브형 쇼트 파스타로 화살꼴뚜기를 링모양으로 자른 것과 비슷하다고 하여 화살꼴뚜기라는 뜻의 '칼라마리'라고 부른다.
코르테체Cortecce	캄파니아주에서 카바티에디를 코르테체라고 부른다. 작은 반죽덩어리에 손가락으로 여러 개의 홈을 넣어 만든다.
투베티Tubetti	캄파니아주에서 먹는 튜브를 짧게 자른 모양의 미니 파스타이다. '작은 튜브'라는 뜻이다. 수프에 주로 넣어 먹는다. 반죽은 세몰리나나 밀가루와 물로 만들며 반죽을 대바늘에 감은 다음 짧게 잘라 만든다.
파케리Paccheri 22p-24번	캄파니아주의 구멍이 큰 튜브모양 파스타이다. 반죽은 세몰리나나 밀가루에 물을 넣어 만들며 반죽을 얇게 밀어 파이프에 감아서 성형한다. 표준어는 '스키아포니Schiaffoni'이다.
페르차텔리Perciatelli	나폴리에서 '부카티니'를 부를 때 '페르차텔리'라고 한다. 가운데 구멍이 있는 롱파스타이다. 지름은 2mm이고 50cm 길이의 면이 반으로 길게 접혀 있어 접힌 부분을 잘라서 사용한다.
페투체Fettucce	토스카나주의 파파르델레와 비슷한 모양으로 가장 너비가 넓은 파스타이다. 나폴리 등 이탈리아 남부에서는 페투체라 부른다. 반죽은 세몰리나나 밀가루와 물로 한다. 페투체보다 작은 것이 페투첼레Fettuccelle이다.
푸실리 칠렌타니Fusili cilentani	나폴리 남부지방의 '칠렌토풍의 푸실리'라는 뜻으로 부른다. 이름은 푸실리지만 나선모양이 아니라, 막대모양의 반죽에 가는 막대 꼬챙이를 올려 눌러 튜브모양으로 만든 구멍 있는 롱 파스타이다. 반죽은 세몰리나나 밀가루와 물로 만든다.
스파게티 스페차티 Spaghetti spezzati	스페차티는 '부러뜨리다'라는 뜻이다. 긴 건면을 부러뜨려 수프에 넣어 끓여준다. 나폴리 사람들은 '잎채소를 먹는 마을'이라 할 정도로 녹색채소를 많이 먹는데 스페차티와 녹색채소로 수프를 많이 끓여 먹는다.

② 이탈리아의 대표적인 곡창지대 **풀리아**^{Puglia}

PUGLIA

BARI LECCE

BARLETTA ANDRIA TRANI TARANTO

BRINDISI

FOGGIA

풀리아는 이탈리아의 대표적인 곡창지대이다. 토지는 평평하고 기후는 농작물을 재배하기에 적당하다.

북부는 마늘과 양파를 많이 생산하고 올리브오일은 이탈리아 생산량의 1/3을 생산한다.

매년 경질소맥은 80만 톤 생산하고, 토마토는 60만 톤, 밥상에 오르는 포도는 50만 톤, 오일은 30만 톤, 카르초포는 20만 톤을 생산한다.

파스타는 듀럼밀을 사용하기 때문에 반죽 자체가 딱딱하다. 가장 대표적인 파스타는 '오레키에테'로 미트소스나 채소 국물과 같이 먹는다.

풀리아 지역의 파스타	
파스타	**특징**
카바텔리^{Cavatelli}	작은 반죽에 홈을 넣어 조개껍질처럼 생긴 쇼트 파스타이다. 풀리아 지역에서 시작하여 이탈리아 남부 일대로 퍼졌다. 면은 1.2×4cm로 잘라 젓가락을 눌러 돌려서 모양을 만든다. '카바레^{Cavare}'로 '구멍 등을 파다'라는 뜻이다. 시칠리아, 풀리아, 바실리카타, 칼라브리아에서는 '카바티에디^{Cavatieddi}'라고도 부른다.
오레키에테 Orecchiette 16p-23번	'작은 귀'를 뜻하고 귓불모양이다. 작은 덩어리로 잘라 엄지손가락으로 눌러 움푹 파이게 만든다. 풀리아주에서 시작하였다. 무청을 넣은 오레키에테를 자주 먹는다. 키안카렐레 혹은 포치 아케라고도 부른다. 경질소맥으로 만든다.
트로콜리^{Troccoli 15p-8번}	풀리아주 북부의 포자 지역 근처에서 시작되었다. 반죽은 세몰리아 밀가루와 물로 만든다. 전체에 홈이 있는 밀대인 '트로콜라투로'라는 특수한 도구를 이용해 파스타를 만든다. 시트모양 반죽 위에 '트로콜라투로'를 굴려서 가늘고 길게 자른다.
디탈리^{Ditali}	작은 링모양의 파스타이다. '골무'라는 뜻이다. 작은 것은 '디탈리니'라고 한다. 수프에 넣거나 풀리아주의 콩요리에 넣어 먹는다.
사녜 인칸눌라테 Sagne incannulate	나선모양으로 감긴 구멍이 있는 롱파스타이다. 사녜는 '시트모양' 파스타이고 이탈리아 남부의 고유 명칭이다. 인칸눌라테는 '튜브모양'으로 '만들다'라는 뜻이다.
스트라시나티 Strascinati 16p-22번	풀리아주, 바실리카타주에서 시작된 오리키에테(귓불)와 비슷한 쇼트 파스타이다. '당기다', '길게 늘리다'라는 뜻으로 작은 반죽 덩어리를 손가락이나 주걱 등으로 눌러 홈을 만든 다음 당겨 얇게 만든다.

③ 한때 가장 가난했던 산악지대 **바실리카타** Basillicata

바실리카타는 이탈리아 남부에 있는
숲으로 뒤덮인 산악지대로 이탈리아 남
부 중 가장 가난했던 곳이다. 이곳은 숲과
나무가 많은 산악지대로 많은 범죄자와
탈옥수가 숨어 지냈던 곳이다. 또한 아랍
인이 지배하던 시기에는 시칠리아의 기
독교 신자들이 박해를 피해 마테라 지역
에 많은 동굴들을 뚫고 지하에서 예배를
드렸다.

BASILICATA

바실리카타 사람들은 맵고 화끈한 맛
을 좋아하기 때문에 요리에는 매운 고추, 붉은 후추, 인도 후추, 파프리카, 칠리, 타바스코 등
이 많이 들어간다. 바실리카타에서 재배되는 고추는 크기가 작은 디아볼리키와 기다란 시가
레테 두 종류가 있다.

바실리카타 지역의 파스타	
파스타	**특징**
마나테Manate	손으로 늘려 만든 수제 파스타로 우동면처럼 통통한 롱 파스타이다. 바실리카타에서는 마나테, 움브리아주에서는 스트란고치 혹은 움브리첼리, 토스카나주에서는 피치, 이탈리아 남부에서는 스파게토니라고 부른다.
스트라시나티 Strascinati 16p-22번	풀리아주, 바실리카타주에서 시작된 오리키에테(귓불)와 비슷한 쇼트 파스타이다. '당기다', '길게 늘리다'라는 뜻으로 작은 반죽 덩어리를 손가락이나 주걱 등으로 눌러 홈을 만든 다음 당겨 얇게 만든다.

④ 미신적인 문화가 가장 많은 이탈리아 장화 모양의 앞굽에 해당하는 **칼라브리아**Calabria

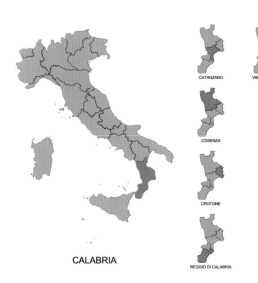

CALABRIA

칼라브라아 지역은 이탈리아 남서부의 티레니아해와 이오니아해, 두 바다 사이에 있는 지역을 말한다. 이탈리아의 장화 모양의 앞굽에 해당하며 전략적으로 중요한 위치에 있어 자주 침략을 당하였다. 이에 칼라브리아 지역 사람들은 정복자들의 미신적인 것부터 기이하기까지 한 문화습성을 받아들여 그들만의 요리문화를 만들었다.

예를 들면, 발효된 반죽으로 빵을 만들면서 사악한 기운을 내쫓는 춤과 주문을 외친다. 성 로코의 축일에는 몸이 아픈 부위를 빵 반죽으로 만들어 구우면서 낫기를 기원한다. 이 지역의 요리는 제례의식과 관련된 것이 많다. 아랍인들은 칼라브리아에 오렌지, 가지를 들여왔으며 뜨거운 태양 아래 오렌지와 가지는 향기와 과즙이 풍부한 특산물이 되었다.

칼라브리아 지역의 파스타	
파스타	**특징**
라사녜 키네 Lasagne chine	재료를 층층이 올려 오븐에서 요리
마카루네Maccarrune	칼라브리아주와 시칠리아주에서 만든 마카로니이다. 금속 막대에 리본 모양의 반죽을 감아서 구멍을 낸 파스타이다.
필레야Fileja	칼라브리아주의 마카로니의 일종이다. 성형용 나무막대를 이 지역에서는 필레야라고 부르는데 이 나무막대 이름에서 파스타의 이름이 유래되었다. 막대모양 반죽 위에 나무막대 혹은 팔레트 나이프를 올리고 누르면서 비스듬히 앞쪽으로 당겨 튜브모양으로 만든다.

⑤ 산전수전 다 겪은 미식가들의 천국 **시칠리아** ^{Sicilia}

시칠리아 하면 '미식가들의 천국'과 '마피아^{Mafia}'라는 2가지 이미지가 떠오른다.

시칠리아섬은 지리적으로 지중해의 상업, 무역의 주요 거점으로 기원전 8세기부터 많은 나라의 잦은 침입을 받은 지역이다. 기원전 8세기에는 그리스인, 기원전 550년에는 카르타고인, 기원전 264년에는 로마, 827년에는 아랍인의 통치하에 있었

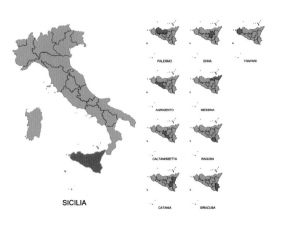

고, 1091년은 노르만인, 1139년에는 시칠리아 왕국을 설립하여 독립국가를 이루다가 다시 1194년에는 신성로마제국의 통치하에 있었다. 1283년에는 아라곤이 통치하였고 1412년에는 스페인이 통치하였으며 1720년에는 오스트리아가 통치하였다. 1735년에 다시 스페인이 통치하였고 1861년 3월 14일에는 이탈리아 왕국으로 편입되어 지금에 이르고 있다.

이러한 이유로 시칠리아는 다양한 문화와 식품 분야의 발달로 음식의 천국이 되었다.

시칠리아 지역의 파스타	
파스타	**특징**
카넬로리^{Cannelloni 18p-43번}	도우면을 7×8cm로 잘라 필링재료를 넣고 긴 원통모양으로 말아준다. 우유의 부드러움이 담긴 둥근 파스타
쿠스쿠스^{Couscous 21p-1번}	아랍인이 소개한 쿠스쿠스. 아프리카 북부에 있는 모로코에서 전해져 시칠리아주 북서부의 항구도시 트라파니의 전통요리가 되었다. 시칠리아에 있는 항구도시 트라파니에서 시작된 알갱이형 파스타. 세몰리나 밀가루에 물을 뿌려 알갱이를 만들고 말려서 쪄준다.
카바티에디^{Cavatieddi}	카바텔리 사투리로 시칠리아에서 카바티에디라 부른다. 카바티에디가 카바텔리로 변화하여 표준어가 되었다. 반죽은 세몰리나 밀가루와 00밀가루, 물과 소금을 넣어 만든다. 작은 통나무모양으로 반죽을 잘라 세 손가락으로 눌러 홈을 파서 만든다.
프라스카툴라^{Frascatula}	에트나 지역. 경질소맥의 폴렌타로 마디 호박과 감자가 들어감
황새치 소스 콰드루치 ^{Quadrucci con sugo di pescespada}	메시나 지역
정어리 펜넬소스 스파게티	시칠리아의 대표 파스타요리

⑥ 수많은 침략을 받고 고통받았으나 자연경관은 천국과 같이 아름다운 **사르데냐**^{Sardegna}

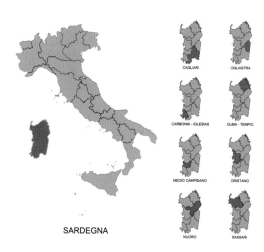

SARDEGNA

이탈리아 반도 서쪽 해상에 있는 섬이다. 에메랄드빛 바다와 계곡, 산들이 펼쳐진 멋진 자연경관으로 천국에 온 듯한 느낌을 갖게 한다.

하지만 이곳 섬 주민들은 끊임없이 침략을 당해왔다. 페니키아, 카르타고, 그리스, 스페인, 노르만, 아랍 외에 피사, 제노바, 바티칸, 오스트리아, 아라곤, 사보이 등으로부터 침략을 받아왔고 그래서인지, 사르데냐 사람들은 거칠고 과묵하면서 퉁명스럽기까지 하다.

사르데냐 사람들은 이러한 역사적 배경으로 고립된 동굴과 숲, 험준한 산악지대에서 살며 독특한 식문화를 이루고 있다.

사르데냐 지역의 파스타	
파스타	**특징**
라비올리 디 라차 Ravioli di razza 20p-60번	가오리 지느러미 모양
필린데우^{Filindeu}	표준어로 뇨케티 사르디이며 사르데냐의 작은 뇨키이다. 작은 반죽 덩어리를 뇨키판에서 비스듬하게 굴려 만든다. 반죽은 세몰리나 밀가루에 새프런을 넣어 만든 파스타 수소를 뜻하는 'mallore'의 복수로 수소의 옆구리 갈비뼈 모양 같기도 하다.
말로레두스^{Malloreddus}	'사르데냐의 작은 뇨키'라는 뜻이다. 밀가루와 물로 만든 기본 뇨키로 사르데냐주의 전통 파스타이다.
뇨케티 사르디 Gnochetti sardi	사르데냐주의 오리스타노 지방에서 시작했다. 이탈리아어로 '반지'라는 뜻의 로리기타스이다. 반죽은 세몰리나 밀가루와 물로 만든다. 가는 끈 모양의 반죽 2겹을 돌돌 말아 '반지'처럼 만든 쇼트 파스타이다.
로리기타스 Lorighittas 17p-29번	사르데냐의 마카로니이다. 반죽은 세몰리나 밀가루와 물로 만든다. 대바늘로 막대모양의 반죽을 눌러 굴려서 감싸듯이 튜브모양으로 만든다. 옛날에는 제사용으로 사용하였으나 지금은 일상식이 되었다.
마카루네^{Maccarrune}	사르데냐의 마카로니이다. 반죽은 세몰리나 밀가루와 물로 만든다. 대바늘로 막대모양의 반죽을 눌러 굴려서 감싸듯이 튜브모양으로 만든다. 옛날에는 제사용으로 사용하였으나 지금은 일상식이 되었다.
쿨린조니스 Culingionis 18p-40번	사르데냐섬 동부 오리아스트라 지역의 라비올리이다. '보리 이삭' 혹은 중국 찐빵을 닮은 것이 특징이다. 둥근 시트에 소를 올리고, 좌우 시트를 손으로 번갈아가며 붙여 덮어서 만든다. 똑같은 것인데 이름은 쿨린조네스, 쿨루르조네스, 안주로토스라고도 불린다.
프레골라^{Fregola} 19p-48번	사르데냐주에서 세몰리나 밀가루에 물을 뿌려 덩어리지게 만든 알갱이형 파스타이다.

Chapter 5

파스타 조리하기 |Pasta cooking

1. 이탈리아 사람들이 생각하는 파스타 소스

이탈리아 사람들은 올리브오일을 소스로 사용하여 파스타를 즐겨 먹는다.

이탈리아 요리는 '심플하고 맛있다'고 표현할 수 있다. 이탈리아 요리는 신선한 재료에 양념이나 향신료는 최대한 조금씩 넣고 조리한다. 또한 이탈리아 요리는 올리브오일을 많이 사용한다.

예를 들어 카르보나라 스파게티를 보면 한국, 일본, 미국에서는 생크림을 듬뿍 넣어 만들지만 이탈리아에서는 달걀, 치즈, 그리고 베이컨을 넣으며 기호에 따라 생크림을 한 스푼 정도만 넣어서 만든다.

이탈리아에서는 진하고 지방성분이 강하지 않은 가벼운 소스를 주로 먹는데 대표적인 것이 올리브오일 소스이다. 이탈리아 향신료의 으뜸은 올리브오일이며 이탈리아 요리의 거의 모든 요리에 들어간다. 올리브오일은 쓴맛이 나고 향긋하며 고소한 소스만의 특성이 있다. 흔히 파스타 소스 하면 토마토 소스, 크림소스 등을 말하지만 실제로 이탈리아에서는 걸쭉한 소스보다 올리브오일로 가볍게 드레싱해서 재료의 맛을 살려 먹는다.

생파스타는 크림, 버터, 고기를 이용한 소스가 어울리고 건조 파스타는 토마토, 채소로 만든 소스와 어울린다.

파스타는 이탈리아 지역마다 약간의 특색이 있다. 북부지역은 연질밀을 주로 재배하고 많은 소와 닭을 키우고 있어 유제품과 달걀이 풍부하기 때문에 생면을 만들고 버터를 이용해 파스타요리를 해 먹는다. 생면은 주로 실처럼 길게 만들고 지역에서 생산되는 재료로 만든 소스와 곁들여진다. 예를 들어 크림, 버터, 고기와 같은 재료를 사용하여 파스타를 요리한다. 남부는 경질밀인 듀럼을 경작하기 때문에 이 듀럼밀을 이용하여 건면을 만들고 토마토를 많이 재배하기 때문에 토마토 소스를 만들어 버무려 먹는다.

2. 파스타 소스의 분류

소스의 주재료에 따라 파스타 소스는 7가지로 구분할 수 있다. 재료에 가중치를 두어 숙성 돼지고기 ≫ 해산물 ≫ 고기 ≫ 크림 ≫ 채소 ≫ 토마토 ≫ 오일 · 버터 순으로 정하고 파스타 소스를 구별하였다.

이탈리아 사람들은 파스타를 간단하게 조리해서 먹는데 파스타를 삶아 오일과 버터에 간단하게 버무려 먹기에 이를 '심플 파스타 소스'라고 한다. 또한 크림을 넣어 만든 모든 파스타를 크림에 기초한 파스타로 구분하였고 여기에 쓰인 파스타 소스의 주재료에 따라 '크림에 기초한 파스타 소스'라고 하였다.

이탈리아인들은 돼지고기를 향초소금으로 숙성한 제품인 판체타·관찰레를 넣어 감칠맛 나는 파스타를 요리해 먹는다. 이때 소스에 감칠맛을 가미할 때 넣는 주재료인 판체타·관찰레를 숙성돼지고기라 칭하고 이것이 들어간 파스타 소스를 '숙성돼지고기를 넣은 파스타 소스'로 구분하고자 한다. 해산물을 넣어 만든 파스타 소스는 '해산물 파스타 소스'로 구분하였고, 소스, 채소를 넣어 만든 파스타 소스는 '채소 파스타 소스'로 구별하였고, 고기를 넣어 만든 파스타 소스는 '고기 파스타 소스'로, 토마토 소스를 넣어 만든 파스타 소스는 '토마토 파스타 소스'로 구분하였다.

올리브오일과 버터는 그 자체가 파스타 소스가 된다.

올리브오일은 다양한 종류의 오일과 다른 색상 및 향과 맛을 갖고 있다. 올리브오일은 황금 초록빛을 띠고 있고 맛은 쓰고 맵싸한 맛이 있으며, 향은 풀 · 과일 향과 아몬드를 연상케 하는 고소한 감칠맛을 갖고 있다. 또한 올리브오일에는 올레산, 리놀레산 등 건강에 좋은 불포화지방산이 80% 이상이다. 불포화지방산은 몸에 좋은 HDL(고밀도지단백질) 수치를 정상적으로 유지해 주고 '나쁜 콜레스테롤'인 LDL(저밀도지단백질) 수치를 낮춰 심장병 · 고혈압 · 동맥경화 등 성인병을 예방한다. 그렇기 때문에 이탈리아에서는 올리브오일을 소스처럼 뿌려 먹거나 요리 맨 마지막에 엑스트라 버진 올리브오일로 마무리한다.

버터는 그 자체가 소스가 갖고 있는 성질을 갖고 있다. 버터를 입안에 넣으면 짙고 풍부하고 섬세한 풍미가 입안 가득 퍼지면서 긴 여운을 남긴다. 녹인 버터의 질감은 소스 농도와 같다. 녹인 버터의 농도 덕분에 물보다 느리게 움직이며 끈적끈적하다. 그래서 녹인 버터는 전체 버터이든 수분을 제거한 정제버터이든 간에 간소하면서 맛있는 소스의 재료가 된다.

토마토 소스는 모든 파스타요리에 양념처럼 사용할 수 있다.

토마토 소스는 크림 파스타를 만들거나 해산물 파스타를 만드는 등 다양한 파스타요리를 할 때 종종 양념처럼 사용되기도 한다. 그럴 경우 토마토 파스타 소스를 사용한 파스타로 구별하지 않고 크림, 해산물, 채소, 고기 등 소스 주재료에 따라 파스타 소스를 구별한다. 예를 들면 소스 주재료를 크림으로 만들면 크림 파스타 소스로, 해산물을 주재료로 사용하면 해산물 파스타 소스, 고기를 주재료로 사용하면 고기 파스타 소스로 구별하도록 한다.

파스타 소스 Pasta sauce

● 검은색 : 식재료 ● 진한 빨간색 : 파스타 소스 이름

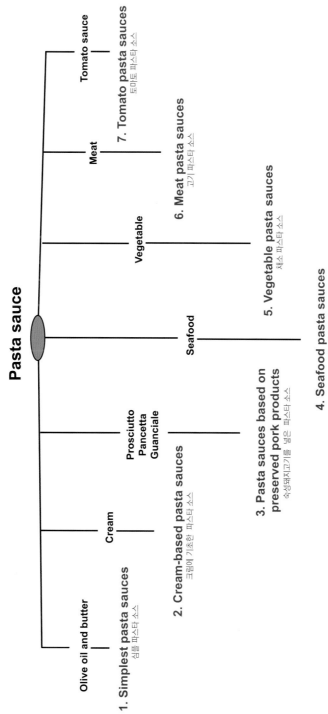

Pasta sauce

Olive oil and butter

1. Simplest pasta sauces
심플 파스타 소스

Cream

2. Cream-based pasta sauces
크림에 기초한 파스타 소스

**Prosciutto
Pancetta
Guanciale**

**3. Pasta sauces based on
preserved pork products**
숙성돼지고기를 넣은 파스타 소스

Seafood

4. Seafood pasta sauces
해물 파스타 소스

Vegetable

5. Vegetable pasta sauces
채소 파스타 소스

Meat

6. Meat pasta sauces
고기 파스타 소스

Tomato sauce

7. Tomato pasta sauces
토마토 파스타 소스

첫 번째 소스 : 올리브오일과 버터를 이용한 '심플 파스타 소스'

올리브오일이나 버터를 볶아 향긋하고 고소한 맛을 첨가한 후 마무리로 파르메산 치즈를 위에 뿌려 만든 파스타이다. 여기에 멸치절임, 파프리카, 케이퍼, 마늘, 허브들, 올리브, 페페론치노, 잣, 토마토, 트러플을 첨가하여 다양한 맛의 심플 파스타 계열을 만들 수 있다.

버터는 그 자체로 소스가 갖고 있는 성질을 갖고 있다. 버터를 입안에 넣으면 짙고 풍부하고 섬세한 풍미가 입안 가득 퍼지면서 긴 여운을 남긴다. 버터를 팬에 넣고 중불로 가열한 후 세이지, 마늘을 넣어 세이지 향 가득한 파스타 소스를 만들 수 있다.

팬에 올리브오일과 으깬 마늘, 멸치절임, 트러플을 넣고 블랙 트러플, 마늘, 앤초비 파스타 소스를 만들 수 있다.

푸타네스카는 '길거리 여자=창녀'라는 해학적인 이름을 갖고 있는 파스타로 올리브오일에 마늘, 페페론치니, 멸치절임, 토마토 촙, 블랙올리브, 케이퍼를 넣어 소스를 만든다.

No 1. The simplest pasta sauces
●검은색 : 식재료 ● 진한 빨간색 : 파스타 소스 이름

Pasta sauces with butter or olive oil
Dried pasta 100g 기준

Sweet butter, to taste
or
Extra-virgin olive oil, to taste

Freshly grated parmigiano-reggiano

Pasta with butter or olive oil

Optional

Anchovies
Sweet peppers
Capers
Garlic
Herbs
Olives
Peperoncini
Pine nuts
Tomatoes
Truffles

Unsalted butter 30g
Fresh sage leaves 3
Garlic cloves, very thinly sliced 2

Freshly grated parmigiano-reggiano, to taste

Pasta with butter and sage
fettuccine con burro e salvia

Extra-virgin olive oil 50ml
Black truffle 5g
Garlic cloves, crushed to taste 2
Anchovy fillets, coarsely chopped 1

Pasta with black truffles, garlic and anchovies
Spaghetti alla norcina

Extra-virgin olive oil 30ml
Garlic cloves, crushed to taste 2
Dried pepperoncini, chopped 5
Anchovy fillets, drained, patted dry, coarsely chopped 1
Plum tomatoes, peeled, seeded, coarsely chopped 100g
Brine-cured black olives, coarsely chopped 50g
Capers, drained 20ml

Pasta with streetwalker's sauce
Spaghetti alla puttanesca

두 번째 소스 : 크림을 기초로 한 '크림 파스타 소스'

크림은 따로 소스를 만들 필요가 없다. 자체로 소스가 갖고 있어야 할 풍미와 농도를 갖고 있기 때문이다.

크림을 입안에 넣으면 퍼지는 긴 여운과 짙고 풍부하면서 섬세한 풍미를 느낄 수 있다. 크림은 전형적인 소스의 원형이라 할 수 있다.

크림이 소스처럼 사용될 수 있는 것은 헤비크림이나 휘핑크림의 크림 함량이 38%이기 때문이다.

이 크림이 지방의 공급원이며 다른 약한 유화액들을 안정화하는 데 도움을 주는 단백질과 유화제 분자들을 공급해 주어 소스처럼 사용할 수 있다.

크림 파스타 소스에 곁들여 풍미와 맛을 좋게 하는 재료로는 마른 버섯들, 프로슈토(말린 돼지고기), 호두 등이 있다.

생크림을 이용한 소스로 3가지 크림소스를 만들 수 있다.

첫째, 팬에 생크림과 포르치니버섯을 넣고 가열하여 포르치니 크림 파스타 소스를 만들거나,

둘째, 가열한 팬에 올리브오일을 두르고 마늘촙과 호두, 생크림을 넣고 농도가 나오면 마조람(혹은 세이지)을 넣어 호두 크림 마조람 파스타 소스를 만들 수 있다.

셋째, 팬에 생크림을 넣고 가열하다가 4가지 치즈를 넣어 치즈 크림 파스타 소스를 만들 수 있다.

No 2. Cream-based pasta sauces
●검은색 :식재료 ●진한 빨간색 : Colored pasta dough

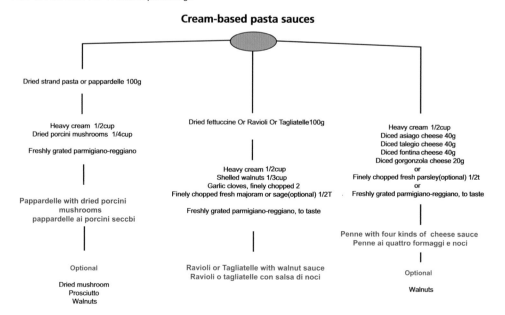

세 번째 소스 : 이탈리아 돼지고기를 소금에 절여 숙성해서 만든 '숙성 돼지고기를 이용한 파스타 소스'

잘 알려진 파스타 소스는 올리브오일, 버터, 크림에 기초한 소스이지만 이탈리아 사람들은 풍미가 좋고 맛있는 다양한 돼지고기 제품으로 파스타를 만들어 먹는다.

대표적으로 이탈리아 햄인 프로슈토, 판세타(베이컨 같은), 스모크하지 않은 베이컨 등이 있다.

이들 재료로 판체타와 달걀, 그리고 파르메산 치즈를 곁들인 스파게티 등을 만들 수 있다.

이것을 이탈리아 사람들은 카르보나라 스파게티라고 한다.

돼지 지방이 많은 이탈리아 전통 햄인 관찰레(Guanciale : 돼지의 목과 볼을 이용해 만든 이탈리아 베이컨), 판체타(Pancetta : 삼겹살을 향초에 염장한 생햄), 혹은 프로슈토(Prosciutto : 이탈리아 생햄)를 작게 조각내어 프라이팬에 볶아 바삭바삭하게 만들어 반은 파스타 볶을 때 넣고 반은 위에 가니쉬로 사용한다.

돼지 지방이 남아 있는 프라이팬에 마늘을 넣고 볶다가 스파게티를 넣고 섞어준다.

달걀 노른자에 소금과 후추, 그리고 파르메산 치즈가루를 섞어 카르보나라 소스를 만들어 스파게티에 섞는다. 마무리로 파르메산 치즈가루와 바삭바삭한 돼지고기 조각을 위에 올린다. 이처럼 이탈리아에서는 생크림을 쓰지 않고 올리브와 돼지고기를 이용해 파스타를 즐겨 만들어 먹는다.

'숙성 돼지고기를 이용한 파스타 소스' 4가지 조리방법을 소개하면 다음과 같다.

첫째, 위에서 설명한 이탈리아 전통 카르보나라 파스타이다. **둘째,** 팬을 가열한 후 올리브오일 두르고, 샬롯촙, 판체타를 넣어 익힌 후에 드라이 화이트와인을 넣고 졸인 후 생크림과 커리가루를 넣어 '판체타, 커리, 크림 파스타 소스'를 만든다. **셋째,** 가열한 팬에 버터를 넣고 샬롯촙, 프로슈토를 볶은 후에 생크림, 완두콩을 넣어 '프로슈토, 완두콩 크림 파스타 소스'를 만든다. **넷째,** 가열한 팬에 버터를 넣고 살시치아, 브로콜리, 마늘촙을 넣어 볶은 후에 우유와 치킨스톡, 월계수잎을 넣어 '살시치아, 브로콜리 파스타 소스'를 만든다.

No 3. Pasta sauces based on preserved pork products

●검은색 : 식재료 ●진한 빨간색 : Colored pasta dough

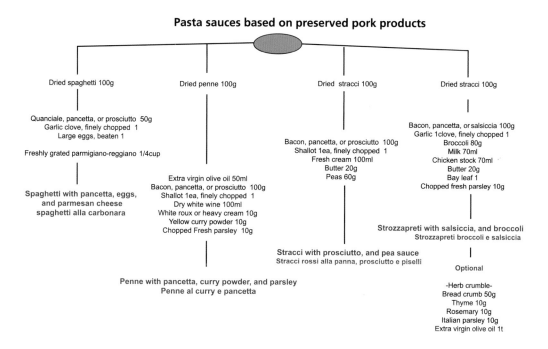

Pasta sauces based on preserved pork products

Dried spaghetti 100g

Quanciale, pancetta, or prosciutto 50g
Garlic clove, finely chopped 1
Large eggs, beaten 1

Freshly grated parmigiano-reggiano 1/4cup

**Spaghetti with pancetta, eggs,
and parmesan cheese
spaghetti alla carbonara**

Dried penne 100g

Extra virgin olive oil 50ml
Bacon, pancetta, or prosciutto 100g
Shallot 1ea, finely chopped 1
Dry white wine 100ml
White roux or heavy cream 10g
Yellow curry powder 10g
Chopped Fresh parsley 10g

**Penne with pancetta, curry powder, and parsley
Penne al curry e pancetta**

Dried stracci 100g

Bacon, pancetta, or prosciutto 100g
Shallot 1ea, finely chopped 1
Fresh cream 100ml
Butter 20g
Peas 60g

Stracci with prosciutto, and pea sauce
Stracci rossi alla panna, prosciutto e piselli

Dried stracci 100g

Bacon, pancetta, or salsiccia 100g
Garlic 1clove, finely chopped 1
Broccoli 80g
Milk 70ml
Chicken stock 70ml
Butter 20g
Bay leaf 1
Chopped fresh parsley 10g

Strozzapreti with salsiccia, and broccoli
Strozzapreti broccoli e salsiccia

Optional

-Herb crumble-
Bread crumb 50g
Thyme 10g
Rosemary 10g
Italian parsley 10g
Extra virgin olive oil 1t

네 번째 소스 : 해물을 기본으로 하여 만든 '해물 파스타 소스'

조개류를 이용하거나 생선을 이용해서 소스를 만들어 파스타와 곁들여 요리한다. 모시조개와 올리브오일, 화이트와인으로 맛을 낸 소스를 봉골레 소스라고 한다. 달군 팬에 올리브오일을 두르고 으깬 마늘과 이탈리아 매운 고추인 페페로치노를 볶아 향을 낸 후 삶은 면과 손질한 조개를 볶는다.

'해물 파스타 소스' 4가지를 예로 들면 다음과 같다.

첫째, 가열된 팬에 올리브오일을 두르고 마늘촙과 해감된 조개를 넣어 조개가 입을 벌리도록 익혀준 후에 토마토 촙과 파슬리 촙을 넣어 '조개 파스타 소스'를 만든다.

둘째, 가열된 팬에 생새우를 넣어 익힌 뒤 생크림과 토마토 촙을 넣고 갑각류 버터^{Crustacean} ^{butter}와 허브를 넣어 '갑각류 크림 파스타 소스'를 만든다.

셋째, 가열된 팬에 올리브오일, 양파촙, 마늘촙, 으깬 페페로치노를 넣어 볶다가 로브스터, 토마토 촙, 코냑을 넣어 '로브스터 토마토 코냑 파스타 소스'를 만든다.

넷째, 가열된 팬에 올리브오일과 양파촙, 마늘촙을 넣고 볶다가 오징어 슬라이스와 토마토를 넣어 '오징어 파스타 소스'를 만든다.

No 4. Seafood pasta sauces
●검은색 : 식재료   ●진한 빨간색 : Colored pasta dough

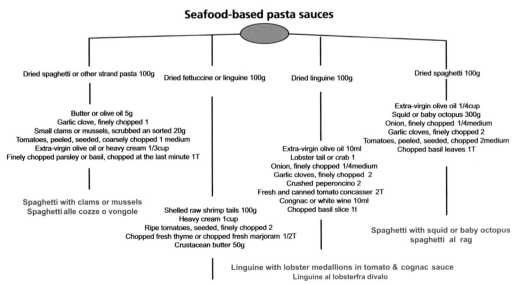

Seafood-based pasta sauces

Dried spaghetti or other strand pasta 100g

Butter or olive oil 5g
Garlic clove, finely chopped 1
Small clams or mussels, scrubbed an sorted 20g
Tomatoes, peeled, seeded, coarsely chopped 1 medium
Extra-virgin olive oil or heavy cream 1/3cup
Finely chopped parsley or basil, chopped at the last minute 1T

Spaghetti with clams or mussels
Spaghetti alle cozze o vongole

Dried fettuccine or linguine 100g

Shelled raw shrimp tails 100g
Heavy cream 1cup
Ripe tomatoes, seeded, finely chopped 2
Chopped fresh thyme or chopped fresh marjoram 1/2T
Crustacean butter 50g

Fettuccine and shrimp with crustacean cream sauce
Fettuccine alla crema di scampi

Dried linguine 100g

Extra-virgin olive oil 10ml
Lobster tail or crab 1
Onion, finely chopped 1/4medium
Garlic cloves, finely chopped 2
Crushed peperoncino 2
Fresh and canned tomato concasser 2T
Congnac or white wine 10ml
Chopped basil slice 1t

Linguine with lobster medallions in tomato & cognac sauce
Linguine al lobsterfra divalo

Dried spaghetti 100g

Extra-virgin olive oil 1/4cup
Squid or baby octopus 300g
Onion, finely chopped 1/4medium
Garlic cloves, finely chopped 2
Tomatoes, peeled, seeded, chopped 2medium
Chopped basil leaves 1T

Spaghetti with squid or baby octopus
spaghetti al rag

다섯 번째 소스 : 채소를 기본으로 하여 만든 '채소 파스타 소스'

대부분의 채소 소스는 올리브오일이나 버터를 이용해서 채소를 볶아 푹 끓여줌으로써 만들 수 있다. 채소소스에 때때로 크림, 마늘, 멸치절임, 잣, 건포도, 허브 등을 넣기도 한다. 채소소스 재료로는 토마토, 시금치, 근대, 브로콜리, 케일, 아티초크, 아스파라거스, 완두콩, 그린빈스, 펜넬, 양송이, 트러플 등이 있다.

'채소 파스타 소스' 4가지를 예로 들면 다음과 같다.

첫째, '워터크레스 페스토'로 잣, 워터크레스, 올리브오일, 파르메산 치즈를 넣고 믹서에 갈아서 만든다.

둘째, '붉은 양파와 포르치니 스파게티 소스'로 중불에 팬을 올려놓고 버터, 올리브오일을 넣고 붉은 양파 슬라이스와 포르치니버섯을 넣고 볶다가 드라이 레드와인을 넣어 만든다.

셋째, '가지&토마토 스파게티 소스'로 중불에 팬을 올려놓고 올리브오일을 두르고 가지 다이스를 넣어 볶다가 체리토마토와 마늘촙을 넣고 리코타 치즈를 넣어 만든다.

넷째, '봄 채소 파스타 소스'로 중불에 팬을 올리고 버터와 올리브오일을 두르고 봄 채소인 호박 다이스와 아스파라거스 다이스, 부추 슬라이스, 완두콩을 넣고 볶아 만든다.

No 5. Pasta sauces based on vegetable

●검은색 : 식재료 ●진한 빨간색 : 파스타 소스 이름

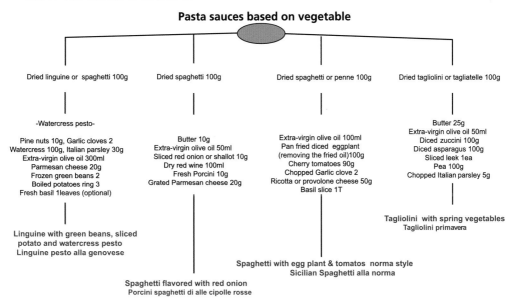

Pasta sauces based on vegetable

Dried linguine or spaghetti 100g

-Watercress pesto-

Pine nuts 10g, Garlic cloves 2
Watercress 100g, Italian parsley 30g
Extra-virgin olive oil 300ml
Parmesan cheese 20g
Frozen green beans 2
Boiled potatoes ring 3
Fresh basil 1leaves (optional)

Linguine with green beans, sliced potato and watercress pesto
Linguine pesto alla genovese

Dried spaghetti 100g

Butter 10g
Extra-virgin olive oil 50ml
Sliced red onion or shallot 10g
Dry red wine 100ml
Fresh Porcini 10g
Grated Parmesan cheese 20g

Spaghetti flavored with red onion
Porcini spaghetti di alle cipolle rosse

Dried spaghetti or penne 100g

Extra-virgin olive oil 100ml
Pan fried diced eggplant
(removing the fried oil)100g
Cherry tomatoes 90g
Chopped Garlic clove 2
Ricotta or provolone cheese 50g
Basil slice 1T

Spaghetti with egg plant & tomatos norma style
Sicilian Spaghetti alla norma

Dried tagliolini or tagliatelle 100g

Butter 25g
Extra-virgin olive oil 50ml
Diced zuccini 100g
Diced asparagus 100g
Sliced leek 1ea
Pea 100g
Chopped Italian parsley 5g

Tagliolini with spring vegetables
Tagliolini primavera

여섯 번째 소스 : 고기를 기본으로 하여 만든 '고기 파스타 소스'

다양한 고기를 이용해 미트소스를 만들 수 있다. 예를 들어 소고기, 송아지고기, 돼지고기, 토끼, 오리와 여리 가지 고기 부속물인 췌장, 뇌, 콩팥, 닭과 오리의 긴 등이다. 이들 재료 중 소고기를 이용해 만든 라구Ragu가 가장 유명하다. 다른 이름으로 볼로네즈라고 부르며 토마토 소스에 다진 고기를 섞어 만드는 미트소스이다. 볼로냐 지방에서 처음 만들어 볼로네즈라 부른다. 오소부코로 만든 소스도 유명하다.

'고기 파스타 소스' 중 라구 소스가 유명한데 지역마다 다양한 특성을 갖고 있어 볼로냐식, 나폴리식, 시칠리아식, 피에몬테식의 4가지를 소개하고자 한다.

첫째, '볼로냐식 라구'는 소스 냄비를 중불로 가열한 후에 버터, 올리브오일을 넣고 베이컨 춥, 양파춥, 당근춥, 셀러리 춥, 양송이 춥, 돼지고기 간 것, 쇠고기 간 것, 토마토 페이스트를 넣고 볶다가 레드와인, 토마토 소스, 쇠고기육수를 넣고 자글자글 끓여서 만든다.

둘째, '나폴리식 라구'는 소스 냄비를 중불로 가열한 후에 레드어니언 춥, 쇠고기 방심, 돼지고기 갈빗살, 판체타, 마늘, 설타나Sultanas(황금빛 건포도), 토마토 콩카세를 넣고볶다가 화이트와인을 넣어 졸이다가 이탈리안 파슬리 춥, 바질잎, 파르메산 치즈가루를 넣어 만든다.

셋째, '시칠리아식 라구'는 소스 냄비를 중불로 가열한 후에 양파슬라이스, 마늘춥, 쇠고기 척로인 슬라이스, 간 쇠고기, 간 소시지, 콜드컷Cold cut으로 사용되는 볼로냐 지방 소시지 모르타델라Mortadella, 삶은 달걀 춥, 토마토 콩카세를 넣어 볶다가 레드와인을 넣어 졸인다. 오레가노와 월계수잎을 넣고 푹 끓여준다.

넷째, '피에몬테식 라구'는 소스 냄비를 중불로 가열한 후에 베이컨 춥, 양파춥, 당근춥, 셀러리 춥, 간 쇠고기, 소시지 춥, 포르치니버섯, 토마토 페이스트를 넣고 볶은 후에 레드와인을 부어 졸인다. 데미글라스와 쇠고기육수를 넣고 푹 끓이다가 세이지, 로즈메리, 파르메산 치즈를 넣고 끓여준다.

No 6. Sauces based on meat

●검은색 : 식재료 ●진한 빨간색 : 파스타 소스 이름

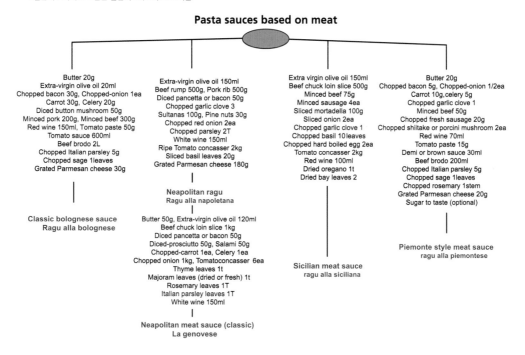

Pasta sauces based on meat

Butter 20g
Extra-virgin olive oil 20ml
Chopped bacon 30g, Chopped-onion 1ea
Carrot 30g, Celery 20g
Diced button mushroom 50g
Minced pork 200g, Minced beef 300g
Red wine 150ml, Tomato paste 50g
Tomato sauce 600ml
Beef brodo 2L
Chopped Italian parsley 5g
Chopped sage 1leaves
Grated Parmesan cheese 30g

Classic bolognese sauce
Ragu alla bolognese

Extra-virgin olive oil 150ml
Beef rump 500g, Pork rib 500g
Diced pancetta or bacon 50g
Chopped garlic clove 3
Sultanas 100g, Pine nuts 30g
Chopped red onion 2ea
Chopped parsley 2T
White wine 150ml
Ripe Tomato concasser 2kg
Sliced basil leaves 20g
Grated Parmesan cheese 180g

Neapolitan ragu
Ragu alla napoletana

Butter 50g, Extra-virgin olive oil 120ml
Beef chuck loin slice 1kg
Diced pancetta or bacon 50g
Diced-prosciutto 50g, Salami 50g
Chopped-carrot 1ea, Celery 1ea
Chopped onion 1kg, Tomatoconcasser 6ea
Thyme leaves 1t
Majoram leaves (dried or fresh) 1t
Rosemary leaves 1T
Italian parsley leaves 1T
White wine 150ml

Neapolitan meat sauce (classic)
La genovese

Extra virgin olive oil 150ml
Beef chuck loin slice 500g
Minced beef 75g
Minced sausage 4ea
Sliced mortadella 100g
Sliced onion 2ea
Chopped garlic clove 1
Chopped basil 10leaves
Chopped hard boiled egg 2ea
Tomato concasser 2kg
Red wine 100ml
Dried oregano 1t
Dried bay leaves 2

Sicilian meat sauce
ragu alla siciliana

Butter 20g
Chopped bacon 5g, Chopped-onion 1/2ea
Carrot 10g, celery 5g
Chopped garlic clove 1
Minced beef 50g
Chopped fresh sausage 20g
Chopped shiitake or porcini mushroom 2ea
Red wine 70ml
Tomato paste 15g
Demi or brown sauce 30ml
Beef brodo 200ml
Chopped Italian parsley 5g
Chopped sage 1leaves
Chopped rosemary 1stem
Grated Parmesan cheese 20g
Sugar to taste (optional)

Piemonte style meat sauce
ragu alla piemontese

고기를 기본으로 하여 만든 '고기 파스타 소스'로 오소부코를 이용한 소스도 인기가 있다.

다음은 오소부코를 이용한 소스 제조방법에 대한 것이다.

오소부코 Ossobuco

오소부코의 오소osso는 '뼈'를, 부코buco는 '속이 빈hollow'을 의미한다. 따라서 오소부코ossobuco는 '속이 빈 뼈hollow-bone' 로 해석된다. 오소부코에 사용되는 송아지 뒷다리 정강이 부위를 자르면 뼈 가운데로 '골수(bone marrow)'가 지나는 통로를 볼 수 있는데, 오소부코란 바로 이 부분을 표현한 말이다.

오소부코는 이탈리아 밀라노식 요리로 원래는 소 정강이살을 이용해 만드는 것이지만 한국에서는 구하기가 어려워 주로 소 꼬리로 대체해서 쓴다.

오소부코는 와인과 토마토 소스가 베이스가 되는 음식인데 만드는 과정은 어렵지 않지만 적어도 2시간은 뭉근하게 끓여야 하는 슬로푸드이다.

재료
쇠고기 정강이살(1인분에 2~3조각 정도), 쇠고기 스톡, 오레가노, 타임, 토마토 퓌레, 밀가루, 소금, 후추, 양파 1개, 방울토 마토 8개, 양송이버섯 6개, 당근 1/2개, 셀러리 1줄기, 마늘 4쪽

만드는 방법
1. 고기에 소금, 후추를 뿌리고 각 면에 밀가루를 묻혀준다.
2. 예열시켜 둔 팬에 미리 손질해 둔 채소를 살짝만 볶아준다.
3. 채소를 볶았던 팬에 미리 시즈닝해 두었던 고기를 양면만 살짝 굽는다.
4. 모든 볶아둔 채소와 고기를 다 넣고 미리 끓여둔 쇠고기 스톡을 재료가 잠길 때까지 붓고 토마토 퓌레, 오레가노, 타임, 허브를 넣고 1시간에서 2시간 정도 뚜껑을 덮고 약불에서 푹 끓여 완성한다.

일곱 번째 소스 : 토마토를 기본으로 만든 '토마토 파스타 소스'

이탈리아 사람들은 맛을 섬세하게 잘 표현한다. 특히 토마토 소스를 3가지 스타일로 구분하여 봤을 때 이탈리아 사람들이 음식을 대하는 철학이 꽤 깊다는 것을 알 수 있다. 이탈리아 사람들이 '여름 토마토 소스'를 만들 때 소스에 필요한 향, 색상, 풍미를 위해 꼭 필요한 재료만 사용하는 것을 알 수 있다.

'토마토 파스타 소스'는 묵직함에 따라 3가지로 구분할 수 있다.

첫째, '여름 토마토 소스'를 묵직함으로 표현했을 때 라이트 보디$^{Light\ body}$라고 할 수 있다. 신선한 토마토를 주재료로 하여 마늘, 바질, 올리브오일로 만든다. 소스 팬을 중불로 가열한 후에 올리브오일, 마늘춉, 토마토 춉, 토마토주스(씨를 제거할 때 체에 걸러 모아놓은 주스)를 넣어 가볍게 끓인다. '여름 토마토 소스'는 올리브향, 마늘향, 토마토의 단맛, 바질의 풀맛이 잘 드러나는 소스이다. 여름에 생토마토로 끓인 소스를 많이 먹는데 이유는 생토마토의 신맛이 여름철 더위에 지친 심신을 회복시켜 주기 때문이다.

둘째, '초여름 토마토 소스'를 묵직함으로 표현했을 때 미디엄 보디$^{Medium\ body}$라고 할 수 있다. 긴 겨울이 가고 초여름이 되면 토마토가 수확되는데 겨우내 지하창고에 저장했던 토마토 소스에 초여름에 수확한 토마토를 콩카세로 만들어 넣어 먹는 토마토 소스이다.

셋째, '겨울 토마토 소스'를 묵직함으로 표현했을 때 풀 보디$^{Full\ body}$라고 할 수 있다. 소스 팬을 중불로 가열한 후에 올리브오일, 마늘춉, 당근춉, 셀러리 춉, 다진 양파, 캔 토마토 콩카세, 바질을 넣고 푹 끓여준다. 토마토 소스를 유리병에 담아 지하 창고에 보관하면서 겨우내 먹는 것으로 여러 채소와 토마토를 듬뿍 넣은 걸쭉한 소스이다. 선드라이 토마토를 갈아 첨가하면 더 묵직하고 풍미가 좋은 베리 풀 보디$^{Very\ full\ body}$ '선 드라이 토마토 소스'를 만들 수 있다.

No 7. Pasta sauces based on tomato sauce

●검은색 : 식재료 ●진한 빨간색 : 파스타 소스 이름

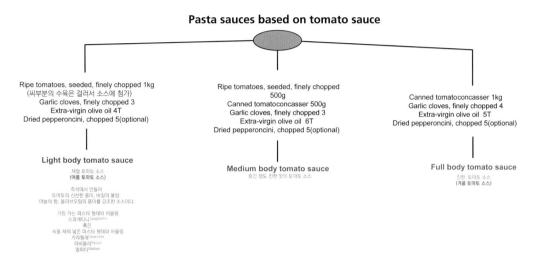

3. 파스타 삶기 Boiling pasta

1) 소금(Salt)

파스타의 종류나 요리 만드는 방법에 따라 약간의 차이점이 있으나 대략 소금의 농도는 1%를 기본으로 한다.

100g의 면을 기준으로 끓는 물 1L에 소금의 농도 1%인 소금 10g을 기본으로 넣는다. 셰프에 따라 1~1.3% 범위 내에서 사용한다. 파스타를 버무릴 때에는 반드시 면수를 넣기 때문에 소금의 양을 약간 줄일 수 있다. 파스타 면수에는 밀가루의 감칠맛이 녹아 있기 때문에 파스타요리에 깊고 부드러운 짠맛을 낼 수 있다.

소금은 우리나라 바다소금인 천일염이나 이탈리아 바다소금을 사용한다.

우리나라 바다소금인 천일염이나 시칠리아산 굵은소금인 살레 그로소 Sale grosso 또는 고운 소금인 살레 피노 Sale fino 를 사용한다.

2) 알덴테 ^{Al dente}

파스타를 삶은 후 밀가루는 충분히 익었지만 '심이 남아 있는 듯한 씹는 느낌이 있는 것'이 알텐테이다.

건면과 생면 그리고 모양과 두께 등에 따라 각각의 파스타에 맞는 식감이 있다. 이에 따라 삶는 정도도 각각 달라야 한다. 삶은 다음에도 남은 열에 의해 계속 익기 때문에 먹을 때 씹는 느낌이 있도록 삶는 것이 중요하다.

파스타의 알덴테는 질리지 않고 먹을 수 있는 비결이다.

부드럽게 삶은 파스타는 빨리 질리고, 알덴테는 질리지 않고 먹을 수 있다. 메인으로 수북이 담아 제공하는 파스타는 강한 알덴테가 좋고, 레스토랑에서 사이드 디시로 작은 양을 제공하는 경우에는 약한 알덴테가 좋다. 이탈리아 꼬마들은 강한 알단테를 좋아하는데 질리지 않고 많은 양을 먹을 수 있기 때문이다.

알덴테는 영어로 표현하면 'to the bite' 즉 '치아로 파스타를 끊어줄 때 씹히는 느낌이 있는 상태'가 적절한 표현이다.

알덴테는 영어로 말하면 'to the teeth'로 '치아로'라는 정도의 뜻을 가진 단어이다. 그러나 엄밀히 말하면 'to the bite'로 '치아로 파스타를 끊어줄 때 씹히는 느낌이 있는 상태'가 적절한 표현이다.

3) 알론다 ^{All'onda}

베네치아 사람들은 리소토를 접시에 담아 기울였을 때 물결모양의 끈적끈적한 느낌이 나는 것을 '알론다^{All'onda}'라고 말한다.

온다^{Onda}는 영어로 웨이브^{Wave}이며, 수면의 파도, 물결, 물결 모양을 뜻한다. 리소토를 접시에 담았을 때 물결모양의 끈적끈적한 느낌이 나는 것을 이탈리아 사람들은 '알론다^{All'onda}'라고 한다. 또한 완성된 리소토는 알덴테처럼 씹는 느낌이 있어야 한다.

4) 파스타 삶는 방법

레스토랑에서 하루 판매될 양을 예측하여 파스타를 미리 삶아 놓기도 한다. 이는 파스타가 삶아 놓아도 붙지 않기 때문에 가능하다.

① 미리 삶아 준비하는 법 : **A방법-비숙성(100g 기준)**

1단계 면 준비 : 파스타를 준비한다.

2단계 물 끓이기 : 물 1L를 끓이고 소금을 10g 넣는다.

3단계 면 넣기 : 물이 끓으면 즉시 파스타를 넣는다.

4단계 면 삶기 : 파스타를 1~2분 동안 계속 저어주면서 지켜본다. 스파게티와 그 외의 다른 건조 파스타는 포장지에 표시된 시간보다 1분 정도 덜 삶는다.

5단계 면 테스팅 : 면이 알덴테로 익었으면 체^{Colander}에 밭쳐 물기를 빼준다. 면은 물기를 빼는 동안에도 계속 익는다. 이때 김과 열기를 제거하기 위해 포크로 면을 최대한 들어 올리면서 힘차게 흔든다. 알덴테로 익었으면 탄력이 있고 안에 하얀 심이 보인다.

6단계 면 보관하기 : 체에 밭쳐 물기가 제거되도록 한 다음 편편한 팬에 파스타를 쏟아 붓는다. 올리브오일에 버무려 일인분씩 말아 스테인리스 사각팬에 담아 준비해 놓는다.

7단계 버무리기 : 레스토랑 영업시간에 주문이 들어오면 주문량에 맞게 꺼내 뜨거운 물에 데쳐 소스에 버무린다.

② 미리 삶아 준비하는 법 : **B방법-숙성(100g 기준)**

1단계 면 준비 : 파스타를 준비한다.

2단계 물 끓이기 : 물 1L를 끓이고 소금을 10g 넣는다.

3단계 면 넣기 : 물이 끓으면 즉시 파스타를 넣는다.

4단계 면 삶기 : 파스타를 1~2분 동안 계속 저으면서 지켜본다. 파스타는 약 2~3분 정도 삶는다. 딱딱한 상태여야 한다.

5단계 면 테스팅 : 체^{Colander}에 밭쳐 물기를 빼준다. 면은 물기를 빼는 동안에도 계속 익는

다. 이때 김과 열기를 제거하기 위해 포크로 면을 최대한 들어 올리면서 힘차게 흔든
다. 뻣뻣한 상태로 안에 하얀 심이 보인다. 마른행주를 덮어 놓는다.

6단계 면 보관하기 : 뻣뻣한 파스타가 손으로 말 수 있을 정도로 부드러워지면 올리브오일
에 버무려 일인분씩 말아 스테인리스 사각팬에 담아 냉장고에 보관하면서 숙성시킨다.

7단계 버무리기 : 레스토랑 영업시간에 주문이 들어오면 주문량에 맞게 꺼내 뜨거운 물
에 데쳐 소스에 버무린다. 이때 면은 바로 삶아 제공하는 것 같은 식감이 있다.

③ 바로 삶아 제공하는 법(100g 기준)

파스타를 삶아 놓지 않고 주문이 들어오면 바로 파스타를 삶아 소스와 함께 조리하는 방
법이다. 정통 이탈리아 레스토랑에서는 고객이 주문하면 바로 면을 삶아 파스타를 조리한다.

1단계 면 준비 : 파스타를 준비한다.

2단계 물 끓이기 : 물 1L를 끓이고 소금을 10g 넣는다.

3단계 면 넣기 : 물이 끓으면 파스타를 넣는다.

4단계 면 삶기 : 파스타를 1~2분 동안 계속 저어주면서 지켜본다. 다른 팬에서는 파스타
소스를 준비한다. 건조 파스타는 포장지에 표시된 삶는 시간보다 1분 정도 덜 삶아주
고, 생면 파스타는 약 2분가량 삶는다.

5단계 면 테스팅 : 면이 알덴테로 익었으면 체에 받쳐 물기를 빼준다. 면은 물기를 빼는
동안에도 계속 익는다. 이때 김과 열기를 제거하기 위해 포크로 면을 최대한 들어 올리
면서 힘차게 흔든다. 알덴테로 익었으면 탄력이 있고 안에 하얀 심이 보인다.

6단계 소스와 면 버무리기 : 면이 알덴테로 삶아지는 시기에 소스는 완성되어 있어야 한
다. 면을 체에 담아 물기를 뺀 상태에서 팬에서 소스와 버무린다.

7단계 접시에 담기 : 파스타를 포크와 레이들(Ladle, 서양식 국자)을 이용해 접시에 말아
담는다.

4. 파스타를 소스와 버무리기

파스타에 소스를 버무리는 것으로 충분하다. 파스타에 소스의 맛을 흡수시킨다는 분도 있는데 파스타에는 소스의 맛이 그다지 잘 배어들지 않는다.

소스를 충분히 데우고, 파스타를 삶아 넣어 재빨리 버무린다. 파스타와 소스는 묻히는 것으로 충분하다. 유화소스(오일소스(바지락 스파게티), 생크림과 치즈, 버터 소스, 버터 등을 넣은 크림소스)는 많이 버무리면 뒷맛이 깔끔하지 않다. 꼭 필요한 만큼만 버무려야 한다. 비유화소스(페스토 제노베세, 라고소스 등)는 소스의 재료, 액체성분, 분리된 기름 등 여러 요소의 상태를 보면서 파스타에 첨가하면 된다.

버무릴 때 주의할 점은 다음과 같다.

첫째, 파스타가 삶아질 때 소스가 준비되어 있어야 한다.

둘째, 파스타의 온도와 소스의 온도가 비슷해야 한다. 온도에 있어 서로 유유상종해야 잘 섞인다.

셋째, 파스타 삶은 물인 면수로 파스타와 소스를 버무릴 때 조금씩 넣어가며 수분과 염분을 보충해 준다.

파스타요리의 맛은 3가지로 '밀가루의 감칠맛, 응축된 소스의 맛, 그리고 이 두 가지가 어우러진 깊은 맛'이다.

파스타와 소스를 잘 버무리면 이 두 가지가 하나로 어우러지면서 깊은 맛이 난다. 소스에 파스타를 잘 버무리면 알맞은 농도의 소스가 되어 파스타에 소스가 잘 묻어서 하나가 된다. 또한 다 먹은 접시에 소스가 남아 있지 않게 된다. 이탈리아 사람들은 수분이 너무 많지 않게 알맞은 농도의 소스에 잘 버무려진 파스타를 '**파스타시우타**Pastasciutta'라고 부른다.

파스타시우타처럼 파스타를 조리할 때에는 다음과 같이 하면 된다.

첫째, 다 만들어진 소스에 파스타를 넣는다.

둘째, 버무릴 때 소금으로 간하지 않고 소스, 면수, 치즈를 조금씩 더 넣어가면서 간을 한다. 이렇게 하면 자연스럽게 유화되는데 소스는 원래 농도가 있고 치즈나 버터는 그 자체에 농도를 낼 수 있는 알갱이 성분이 많아 자연스럽게 섞이기 때문이다.

이탈리아에서는 파스타요리를 '뜨거운 상태'가 아니라 '따뜻한 상태'로 제공한다.

파스타와 소스는 불에서 내린 상태에서 버무리며, 하나로 어우러지는 순간 재빨리 접시에 담는다.

5. 파스타에 곁들여 먹는 피클 만들기

이탈리아에는 오일로 만든 피클과 식초를 이용해 만든 피클의 2가지가 있다.

첫째, 오일로 피클 만드는 법은 다음과 같다.

모둠 오일피클 Assorted oil pickles

피클 스톡 재료
오이 3ea, 물 2L, 식초 200ml, 양파 1ea(1/2ea), 파슬리 줄기 30g, 마늘 6알, 레몬 1ea(1/2cut)
통후추 10g, 월계수잎 2ea, 건고추 2ea, 소금 30g

모든 재료를 20분 정도 끓여 스톡으로 사용한다.

Pickle 만드는 법(일주일 후에 사용한다.)

1. 가지
a. 껍질을 드문드문 벗겨 1cm 두께로 Slice하고 Salt, Olive oil에 버무려 그릴에 마크를 찍는다.
b. Garlic, Parsley chop, Dry chili slice, Olive oil을 섞는다.
c. 병에 넣을 때 맨 밑은 Eggplant, 그 다음은 b를 넣고 또 Eggplant를 넣고 나머지 공간은 Olive oil과 Thyme, Rose-marry와 Olive oil을 채운다.
d. 단, 가지는 병을 꽉 채우면 뭉그러지므로 절반 정도만 채운다.

2. 표고버섯
a. 표고버섯을 Dice하고 Stock에 5분 정도 삶는다.
b. 표고의 물기를 제거한 후 식힌다.
c. 병에 표고를 채우고 Rosemary, Thyme, Whole pepper, Bay leaves를 넣고 Olive oil을 채운다.

3. 마늘
a. Garlic을 5분 정도 삶는다.
b. 물기를 제거한 뒤 병에 마늘을 채우고 Stock에서 건진 Chili(1ea), Garlic(2ea), Bay leaves(2잎)와 Whole pepper, Thyme, Rosemary를 넣고 Olive oil을 붓는다.

4. 당근
a.당근은 스톡에 무를 때까지 삶고, 셀러리는 5분간 삶아 식혀 물기를 제거한다.
b. Stock에서 건져낸 Chilli, Garlic을 넣고 Bay leaves와 채소를 넣고 Olive oil을 채운다.

둘째, 식초를 이용해 피클 만드는 법은 다음과 같다.

오이 채소피클 Cucumber vegetable pickles

피클 재료
오이 3ea, 양파 3ea, 콜라비 100g, 적채 1/4ea, 당근 1/2ea, 그린올리브 15ea

피클 스톡 재료
물 600ml, 식초 200ml, 레몬 1ea, 매실청 30ml, 피클링 스파이스 15g, 설탕 80g, 소금 30g, 굵은소금 약간

만드는 법
1. 굵은소금으로 오이를 문질러 닦은 다음 흐르는 물에 씻는다.
2. 깨끗이 손질한 오이는 먹기 좋은 크기로 썬다.
3. 양파는 껍질을 벗겨 먹기 좋은 크기로 썬다. 절대로 분리되지 않도록 주의한다.
4. 레몬은 8등분하고, 콜라비, 적채, 당근도 먹기 좋게 한입 크기로 썬다.
5. 냄비에 물 600ml와 식초를 넣고 끓기 시작하면 피클링 스파이스, 레몬, 매실청, 설탕, 소금을 넣은 다음 면포로 거른다.
6. 10분가량 팔팔 끓인 다음 불을 끄고 꿀을 넣는다. 미리 소독해 둔 유리병에 정선한 채소를 섞어 넣고 끓인 5를 붓는다.
7. 뚜껑을 열고 완전히 식힌다. 뚜껑을 닫으면 아삭한 식감이 떨어지므로 주의한다. 완전히 식으면 밀봉한 다음 냉장고에서 2~3일간 숙성시킨다.

TIP
채소를 아삭하게 만들기가 포인트
오이를 도톰하게 썰어야 한다.
피클물이 뜨거울 때 채소에 부어야 채소가 아삭해진다.

All about Pasta

실기편

chapter 1

Making dough

Simple pasta dough
기본 파스타 반죽

- **세몰리나**semolina 200g
- **올리브오일**olive oil optional
- **물**water 100ml
- **소금**salt to taste

Tip 1. 올리브오일 1T를 첨가할 수 있다.
올리브오일은 반죽을 부드럽게 해주고 면이 쉽게 붙지 않게 해준다.
2. **반죽 :** short pasta일 경우에는 세몰리나의 반보다 적은 물을 넣고 라사냐 혹은
stuffed pasta일 경우에는 세몰리나 반 정도의 물을 넣어 반죽한다.

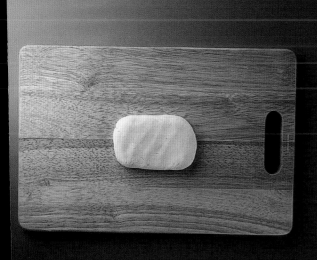

directions

1. 도구 준비하기
  table, scraper, fork

2. 재료 준비하기
  ① 세몰리나 200g ② 물 100ml

3. 반죽하기
  *조리시간 : 10분+휴지시간 : 30분
  ① 손반죽 : 테이블 위에서 스크레이퍼와 손을 이용해서 치댄다.
  ② 휴지 : 플라스틱 랩에 싸서 30분간 상온에서 휴지시킨다.

4. 완성하기와 보관하기
  ① 냉장고에 100g씩 플라스틱 랩으로 감싸 담아 수분이 날아가지 않게 보관
  한다.
  ② 필요할 때마다 꺼내서 사용한다.

Simple pasta dough with hand blender
기본 파스타 반죽

- **중력분**all-purpose flour 200g
- **올리브오일**olive oil optional
- **달걀**eggs 2ea
- **물**water optional
- **소금**salt to taste

Tip 1. 올리브오일 1T를 첨가할 수 있다.
2. 예를 들어 중력밀가루와 세몰리나를 7 : 3 비율로 섞어 반죽해도 된다. 중력밀가루의 글루텐은 탄성과 늘어나는 성질이며 세몰리나는 to the bite or to the teeth로 치아에서 딱딱 끊어지는 글루텐 성질을 갖고 있다. 그래서 원하는 면의 성질에 따라 밀가루 배합비율을 정할 수 있다.

1 2
3 4

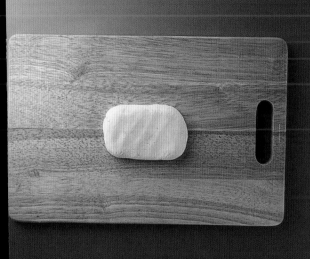
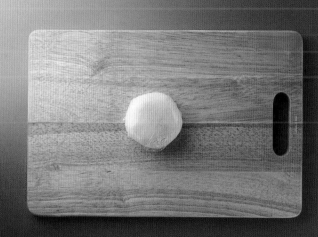

directions

1. 도구 준비하기
 table, food processor, scraper

2. 재료 준비하기
 ① 200g 밀가루 계량 ② 달걀 2개 실온에서 보관

3. 반죽하기
 *반죽시간 : 5분+휴지시간 30분
 ① 프로세서 반죽: 프로세서에 모든 재료를 넣고 기계를 작동시켜 반죽한다.
 ② 휴지: 플라스틱 랩에 싸서 30분간 상온에서 휴지시킨다.

4. 완성하기와 접시에 담기
 ① 냉장고에 100g씩 플라스틱 랩으로 감싸 담아 수분이 날아가지 않게 보관한다.
 ② 필요할 때마다 꺼내서 사용한다.

Pasta dough with pasta machine
파스타 머신 반죽

- **중력분**all-purpose flour 75g
- **세몰리나**semolina 175g
- **올리브오일**olive oil optional
- **액체 재료**(물 water+전란 1개 egg whole) 95g
- **백포도주**white wine optional
- **소금**salt 2g

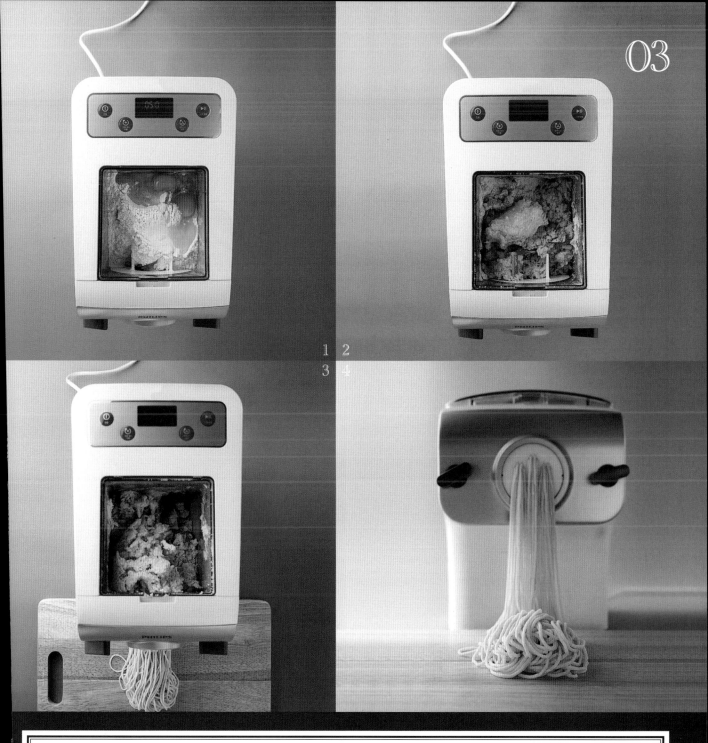

1 2
3 4

directions

1. 도구 준비하기
  table, pasta machine(필립스 생생 제면기), scraper

2. 재료 준비하기
  ① 밀가루(중력분, 세몰리나), 달걀, 물, 소금, 올리브오일을 준비한다.
  볼에 달걀과 물, 소금을 넣어 완전히 섞어둔다.

3. 반죽하기
  ① semolina, flour(7 : 3)를 제면기에 넣고 전원을 켠다.
  ② 시작 버튼을 눌러 작동시키고 달걀물을 천천히 넣는다. 올리브오일을 넣는다.
  ③ 반죽은 작은 덩어리로 뭉쳐 있으면 된다.

4. 완성하기와 보관하기
  ① 면이 나오기 시작하면 자르는 도구를 사용하여 적당한 크기로 잘라준다. 트레이에 세몰리나 밀가루를 뿌리고 면에 세몰리나 밀가루를 뿌려 파스타면끼리 달라붙지 않게 한 면을 올린다. 면포를 덮어 냉장고에 보관한다.
  ② 모든 작동이 끝나면 세척도구를 사용하여 깨끗이 세척하여 보관한다.

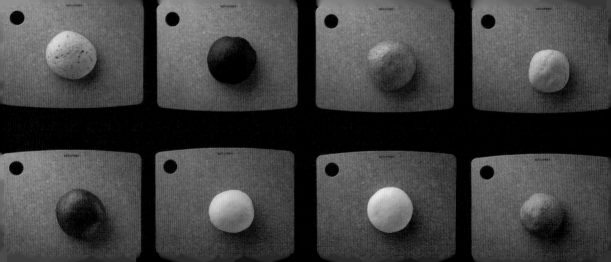

chapter 2

Colored pasta dough

Herb basil pasta dough
허브 바질을 이용한 파스타 반죽

- **중력분**all-purpose flour 300g
- **바질 촙**chopped basil 30g
- **달걀**eggs 2ea
- **올리브오일**olive oil 10ml

- **소금**salt to taste
- **물**water optional

directions

1. 도구 준비하기
  table, food processor, scraper

2. 재료 준비하기
  ① 바질을 곱게 다져 놓는다.

3. 반죽하기
  ① 첫 번째 방법은 테이블 위에서 스크레이퍼와 손을 이용해서 치대는 것이다.
  ② 두 번째 방법은 비닐봉지에 모든 재료를 넣고 조물락거린 후 30분간 숙성
    시키는 것이다.
  ③ 프로세서에 모든 재료를 넣고 기계를 작동시켜 반죽한다.
  ④ 휴지: 플라스틱 랩에 싸서 30분간 상온에서 휴지시킨다.

4. 완성하기
  ① 플라스틱 랩에 싸거나 비닐봉지에 담아 100g씩 나눠 수분이 날아가지 않
    게 보관한다.
  ② 필요할 때마다 꺼내서 사용한다.

Tip 1. 허브는 파슬리, 세이지, 로즈메리, 타임 등 선호하는 것을 사용해도 무방하다.
  2. 부재료의 수분함량에 따라 밀가루를 10% 가감해 준다.

Black pasta dough
먹물을 이용한 파스타 반죽

- **중력분**all-purpose flour 200g
- **오징어 먹물**squid ink 1T
- **달걀**eggs 2ea
- **올리브오일**olive oil 10ml

- **소금**salt to taste
- **물**water optional

directions

1. 도구 준비하기
table, food processor, scraper

2. 재료 준비하기
① 먹물은 올리브오일, 달걀과 함께 잘 섞어 놓는다.

3. 반죽하기
① 첫 번째 방법은 테이블 위에서 스크레이퍼와 손을 이용해서 치대는 것이다.
② 두 번째 방법은 비닐봉지에 모든 재료를 넣고 조물락거린 후 30분간 숙성시키는 것이다.

③ 프로세서에 모든 재료를 넣고 기계를 작동시켜 반죽한다.
④ 휴지: 플라스틱 랩에 싸서 30분간 상온에서 휴지시킨다.

4. 완성하기
① 플라스틱 랩에 싸거나 비닐봉지에 담아 100g씩 나눠 수분이 날아가지 않게 보관한다.
② 필요할 때마다 꺼내서 사용한다.

Tip 1. 부재료의 수분함량에 따라 밀가루를 10% 가감해 준다.

Porcini pasta dough
포르치니버섯을 이용한 파스타 반죽

- **중력분**all-purpose flour 300g
- **말린 포르치니**
  dried porcini mushroom 20g
- **달걀**eggs 2ea
- **올리브오일**olive oil 10ml
- **소금**salt to taste
- **물**water optional

directions

1. 도구 준비하기
table, food processor, scraper

2. 재료 준비하기
① 말린 포르치니버섯은 따뜻한 물에 10분 정도 불려놓는다.
② 프로세서로 버섯을 갈아 퓌레로 만들어준다.
③ 버섯퓌레를 달걀에 섞어준다.

3. 반죽하기
① 첫 번째 방법은 테이블 위에서 스크레이퍼와 손을 이용해서 치대는 것이다.

② 두 번째 방법은 비닐봉지에 모든 재료를 넣고 조물락거린 후 30분간 숙성시키는 것이다.
③ 프로세서에 모든 재료를 넣고 기계를 작동시켜 반죽한다.
④ 휴지: 플라스틱 랩에 싸서 30분간 상온에서 휴지시킨다.

4. 완성하기
① 플라스틱 랩에 싸거나 비닐봉지에 담아 100g씩 나눠 수분이 날아가지 않게 보관한다.
② 필요할 때마다 꺼내서 사용한다.

Tip 1. 부재료의 수분함량에 따라 밀가루를 10% 가감해 준다.
2. 건포르치니버섯은 모래가 많으므로 3번 이상 세척하여 제거한다. 특히, 1번 세척 후 2번째 세척한 물은 보관했다가 파스타 반죽에 사용한다.

Spinach pasta dough
시금치를 이용한 파스타 반죽

- **중력분**all-purpose flour 300g
- **시금치**spinach 30g
- **달걀**eggs 2ea
- **올리브오일**olive oil 10ml

- **소금**salt to taste
- **물**water optional

directions

1. 도구 준비하기
table, food processor, scraper

2. 재료 준비하기
① 시금치는 줄기부분은 버리고 잎사귀 부분만 준비하여 얇게 채 썬 후 끓는 물에 4~5분간 데쳐서 바로 얼음물에 담가 식힌다.
② 데친 시금치의 물기를 짜서 프로세서에 간다.
③ 갈아놓은 시금치잎을 달걀에 섞어서 사용한다

3. 반죽하기
① 첫 번째 방법은 테이블 위에서 스크레이퍼와 손을 이용해서 치대는 것이다.

② 두 번째 방법은 비닐봉지에 모든 재료를 넣고 조물락거린 후 30분간 숙성시키는 것이다.
③ 프로세서에 모든 재료를 넣고 기계를 작동시켜 반죽한다.
④ 휴지: 플라스틱 랩에 싸서 30분간 상온에서 휴지시킨다.

4. 완성하기
① 플라스틱 랩에 싸거나 비닐봉지에 담아 100g씩 나눠 수분이 날아가지 않게 보관한다.
② 필요할 때마다 꺼내서 사용한다.

Tip 1. 부재료의 수분함량에 따라 밀가루를 10% 가감해 준다.
2. 물은 항상 준비되어 있어야 하며 농도에 따라 가감해 준다.

Cocoa pasta dough
코코아를 이용한 파스타 반죽

- **중력분**all-purpose flour 400g
- **무설탕코코아 가루**
  unsweetened cocoa powder 20g
- **달걀**eggs 4ea
- **올리브오일**olive oil 10ml

- **소금**salt to taste
- **물**water optional

directions

1. 도구 준비하기
table, food processor, scraper

2. 재료 준비하기
① 달걀에 코코아가루를 섞어서 준비한다.

3. 반죽하기
① 첫 번째 방법은 테이블 위에서 스크레이퍼와 손을 이용해서 치대는 것이다.
② 두 번째 방법은 비닐봉지에 모든 재료를 넣고 조물락거린 후 30분간 숙성시키는 것이다.

③ 프로세서에 모든 재료를 넣고 기계를 작동시켜 반죽한다.
④ 휴지: 플라스틱 랩에 싸서 30분간 상온에서 휴지시킨다.

4. 완성하기
① 플라스틱 랩에 싸거나 비닐봉지에 담아 100g씩 나눠 수분이 날아가지 않게 보관한다.
② 필요할 때마다 꺼내서 사용한다.

Tip 1. 부재료의 수분함량에 따라 밀가루를 10% 가감해 준다.
2. 코코아가루는 당이 첨가되지 않은 것으로 사용한다.

Pumpkin pasta dough
단호박을 이용한 파스타 반죽

- **중력분**all-purpose flour 400g
- **단호박**Pumpkin 100g
- **달걀**eggs 2ea
- **올리브오일**olive oil 10ml

- **소금**sea salt to taste
- **물**water optional

directions

1. 도구 준비하기
table, food processor, scraper

2. 재료 준비하기
① 호박은 껍질과 씨를 제거한 후 웨지로 잘라준다.
② 자른 호박은 소금 간을 해준 뒤 올리브오일과 함께 180℃의 오븐에 20 분 정도 구워준다. (부드러워지고 색이 날 때까지)
③ 구운 호박을 식힌 뒤 프로세서로 갈아 퓌레를 만들어 달걀에 섞는다.

3. 반죽하기
① 첫 번째 방법은 테이블 위에서 스크레이퍼와 손을 이용해서 치대는 것이다.
② 두 번째 방법은 비닐봉지에 모든 재료를 넣고 조물락거린 후 30분간 숙성시키는 것이다.

Tip 1. 부재료의 수분함량에 따라 밀가루를 10% 가감해 준다.

③ 프로세서에 모든 재료를 넣고 기계를 작동시켜 반죽한다.
④ 휴지: 플라스틱 랩에 싸서 30분간 상온에서 휴지시킨다.

4. 완성하기
① 플라스틱 랩에 싸거나 비닐봉지에 담아 100g씩 나눠 수분이 날아가지 않게 보관한다.
② 필요할 때마다 꺼내서 사용한다.

Saffron pasta dough
새프런을 이용한 파스타 반죽

- **중력분**all-purpose flour 400g
- **새프런**saffron large pinch
- **달걀**eggs 4ea
- **올리브오일**olive oil 10ml
- **물**water optional

directions

1. 도구 준비하기
table, food processor, scraper

2. 재료 준비하기
① 따뜻한 물에 새프런을 불려 색을 우려준다.
② 새프런 우린 물이 식으면 달걀에 섞어 사용한다.

3. 반죽하기
① 첫 번째 방법은 테이블 위에서 스크레이퍼와 손을 이용해서 치대는 것이다.

② 두 번째 방법은 비닐봉지에 모든 재료를 넣고 조물락거린 후 30분간 숙성시키는 것이다.
③ 프로세서에 모든 재료를 넣고 기계를 작동시켜 반죽한다.
④ 휴지: 플라스틱 랩에 싸서 30분간 상온에서 휴지시킨다.

4. 완성하기
① 플라스틱 랩에 싸거나 비닐봉지에 담아 100g씩 나눠 수분이 날아가지 않게 보관한다.
② 필요할 때마다 꺼내서 사용한다.

Tip 1. 부재료의 수분함량에 따라 밀가루를 10% 가감해 준다.

Beet root pasta dough
비트를 이용한 파스타 반죽

- **중력분**all-purpose flour 400g
- **비트**beet root 60g
- **달걀**eggs 3ea
- **올리브오일**olive oil 10ml

- **소금**sea salt to taste
- **물**water optional

directions

1. 도구 준비하기
table, food processor, scraper

2. 재료 준비하기
① 비트는 껍질을 제거한 후 웨지로 잘라준다.
② 자른 비트는 소금 간을 해준 뒤 올리브오일과 함께 180℃의 오븐에 20분 정도 구워준다.
③ 구운 비트를 식힌 뒤 프로세서로 갈아 퓌레를 만들어 달걀에 섞는다.

3. 반죽하기
① 첫 번째 방법은 테이블 위에서 스크레이퍼와 손을 이용해서 치대는 것 이다.
② 두 번째 방법은 비닐봉지에 모든 재료를 넣고 조물락거린 후 30분간 숙 성시키는 것이다.

③ 프로세서에 모든 재료를 넣고 기계를 작동시켜 반죽한다.
④ 휴지: 플라스틱 랩에 싸서 30분간 상온에서 휴지시킨다.

4. 완성하기
① 플라스틱 랩에 싸거나 비닐봉지에 담아 100g씩 나눠 수분이 날아가지 않 게 보관한다.
② 필요할 때마다 꺼내서 사용한다.

Tip 1. 부재료의 수분함량에 따라 밀가루를 10% 가감해 준다.

All about Pasta

chapter 3

Making fresh pasta

12~19. Making fresh pasta
생파스타 만들기

Making fresh pasta 생파스타 만들기

directions

1. 도구 준비하기
table, pasta machine, cutting board

2. 면 밀기와 면 절단하기
① 먼저 파스타 머신의 간격을 넓게 맞추고, 완성된 반죽을 파스타 머신에 넣어 두께를 정리한다.
② 가는 롱 파스타는 같은 방향으로 계속 밀어준다. 너비가 넓은 큰 시트 모양 파스타는 1~2번만 방향을 바꿔서 민다.

③ 세몰리나 밀가루를 덧가루로 사용한다.
④ 탈리아텔레tagliatelle, 트레네테trenette, 라사네테lasagnette는 분창을 이용하여 면을 절단한다.

Tip

1. 가는 롱 파스타(탈리올리니 등) 시트를 만들 때는 한쪽 방향으로 계속해서 민다. 중간에 방향을 바꿔서 밀면 툭툭 끊어진다.
2. 너비가 넓은 롱 파스타(라사냐, 큰 시트모양)는 중간에 1~2번만 방향을 바꿔 계속해서 민다. 방향을 몇 번 바꾸면 면이 매끄럽고 부드러워진다. 단, 방향을 여러 번 바꿔서 밀면 반죽이 손상된다.

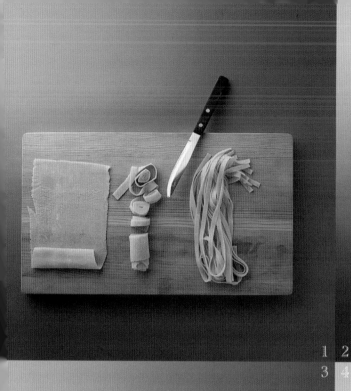

1 2
3 4

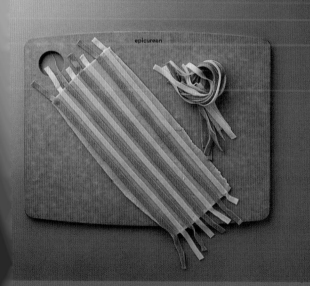

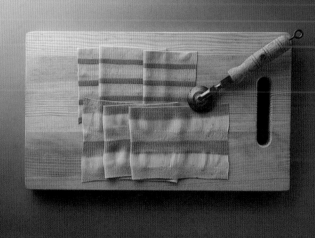

1	**1. 도구 준비하기** table, chef knife, cutting board **2. 면 절단하기** 세몰리나 밀가루를 시트에 뿌려 돌돌 말아 절단한다. 트레네테 Trenette는 너비 4mm, 두께 1.5mm로 자른다. **TIP** 반죽재료: 달걀 반죽128p, No.2 중력분 200g, 달걀 2개, 올리브오일 5g, 소금 2g	2	**1. 면 절단하기** ① 탈리아텔레tagliatelle는 너비 10mm, 두께 0.75mm, 길이 250mm로 자른다. ② 트레네테trenette는 너비 4mm, 두께 1.5mm로 자른다. ③ 라사냐lasagne는 너비 75mm, 두께 0.6mm, 길이 185mm 정도의 크 기로 자른다. ④ 타코니tacconi는 마름모꼴로 자른다.
3	**1. 착색 트레네테**Trenette **절단하기** ① 착색 트레네테는 시금치 도우를 얇게 밀고 그 위에 비트 시트, 새프런 시트를 절단해서 올려 파스타 머신으로 밀어준다. 이후, 너비 4mm, 두께 1.5mm로 자른다.	4	**1. 착색 라사냐**lasagne **절단하기** ① 착색 라사냐lasagne는 너비 75mm, 두께 0.6mm, 길이 185mm 정도 의 크기로 자른다.

1 2
3 4

1	**Cavatiedi** 카바티에디 완성된 반죽을 작게 잘라 작업대에 올려 지름 8mm의 막대 모양으로 만들어 4cm 길이로 자른 다음 세 손가락을 올려 세게 누르면서 앞쪽으로 당긴다. **Tip** 시칠리아 등 남부지역에서 만든다. 반죽재료 : 중력분 100g, 세몰리나 50g, 물 80g, 소금 3g	**2**	**Fusili a mano** 푸실리 완성된 반죽을 작게 잘라 작업대에 올려 4cm 정도로 가늘게 민 반죽을 꼬치에 감아서 나선모양으로 만든다. **Tip** 반죽재료: 세몰라 100g, 미지근한 물 50g, 소금 2g, 올리브유 5g
3	**Pici** 피치 완성된 반죽을 잘라 작업대에 올려 손으로 굴려 민 굵은 파스타이다. 어원은 '손으로 굴리다'이다. **Tip** 토스카나주의 시에나 지역 파스타이다. 고대 이탈리아의 에트루리아 시대부터 만들어 먹었던 파스타로 중력밀가루 100g(or 세몰리나 100g), 물 60g, 소금 2g, 올리브유 5g으로 반죽해서 만든다.	**4**	**Farfalle** 파르팔레 완성된 시트를 직사각형으로 잘라 시트 반죽 가운데를 손으로 집어서 나비 모양으로 만든다. **Tip** 파르팔레는 '나비'라는 의미이다. 시금치 도우137p. No.7, 새프런 도우140p. No.10, 비트 도우141p, No.11

1 2
3 4

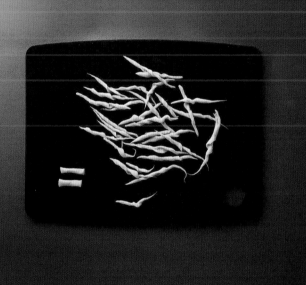

1	**Fregola** 프레골라 프레골라 면은 사르데냐 섬의 파스타로 '프레굴라(Fregula)'라고도 불리며, '비비다'를 의미하는 '프리카레(tricare)'에서 파생한 것으로 세몰라 가루로 만든다. 직경은 2~3㎜ 정도이며 쿠스쿠스(couscous)와 비슷한 모양을 하고 있으나 불규칙한 구 모양을 하고 있다. 세몰라 가루에 물을 부어 손가락으로 돌려가며 반죽하면 좁쌀 모양의 형태가 나오는데, 이를 체로 쳐서 가루를 제거하고 작은 구 모양만 모아서 오븐에 말리면 불규칙하게 갈색이 나면서 생면이 만들어진다.	**2**	**Cappellacci dei briganti** 카펠라치 데이 브리간티(밀짚모자) 몰리세(Molise)의 젤시(Jelsi), 캄포바소(Campobasso)와 라치오(Lazio)주에서 주로 먹는 모자모양의 파스타로 얇은 면을 밀어 원형몰드로 잘라서 주름을 잡아 모자 뒷부분을 붙여서 만드는 파스타이다. 라구 소스와 잘 어울린다. **Tip** 반죽재료: 세몰라 반죽126p. No.1, 시금치 도우137p. No.7, 새프런 도우140p. No.10, 비트 도우141p. No.11
3	**Troffie** 트로피에 리구리아 지방의 유명한 생파스타다. 반죽을 콩알만 하게 잘라 길쭉하게 늘인 후 가는 막대기에 말거나, 밀대에 올려놓고 새끼손가락으로 문질러 특유의 비비 꼬인 모양을 만든다. 껍질콩과 작게 썬 감자와 함께 삶아서 제노바식 페스토를 뿌려 먹는다. **Tip** 반죽재료: 세몰라 반죽126p. No.1	**4**	**Garganelli** 가르가넬리 이탈리아 중북부 에밀리아로마냐주(Emilia-Romagna)에서 즐겨 먹는 파스타다. 튜브형의 길이가 짧은 파스타로 모양이 닭의 목젖을 닮았다 하여, 에밀리아로마냐주의 방언인 '가르가넬(garganel)'에서 유래하였다. 돌돌 말린 가르가넬리는 달걀을 넣어 만든 파스타로 페티네(pettine, 세로로 조밀하게 홈이 파인 나무판)를 사용해서 손쉽게 만들어 먹을 수 있다. **Tip** 반죽재료: 새프런 도우140p. No.10, 중력분 400g, 새프런 2g, 달걀 4개, 올리브오일 10ml, 물 약간

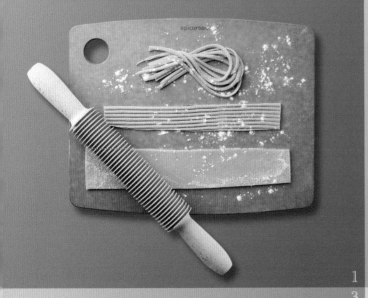

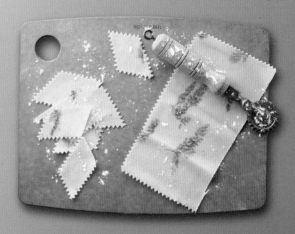

1 2
3 4

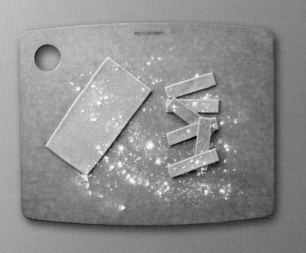

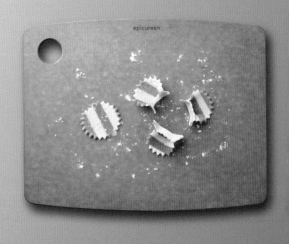

1	**Troccoli** 트로콜리 풀리아(Puglia)와 바실리카타(Basilicata)주의 파스타 세몰라와 물 혹은 달걀을 넣어 만든 두툼한 반죽 위에 트로콜라투라 방망이를 굴려 만든 생파스타이다. **Tip** 반죽재료 : 세몰리나 100g, 물 50g, 소금 2g	2	**Tacconi** 타코니 타코니는 마르케주의 몬테펠트로(Montefeltro)와 메타우로(Metauro) 지역에서 먹는 잠두콩가루와 밀가루를 섞어 만든 파스타로, 반죽을 얇게 밀어 마름모꼴로 잘라 만든다. 현재는 토스카나, 움브리아, 아브루초 지역에서도 찾아볼 수 있다. **Tip** 반죽재료 : 새프런 도우140p. No.10
3	**Pizzoccheri** 피초케리 롬바르디아주의 북쪽 발텔리나(Valtellina)의 생파스타로 주로 메밀가루로 만든 짧은 모양의 탈리아텔레 모양의 생파스타다. **Tip** 반죽재료 : 메밀가루 80g, 중력분 40g, 달걀 1개, 소금 약간	4	**Ostrica** 굴모양 파스타 굴모양으로 만든 창작 파스타로 원형 몰드로 반죽을 찍어 양쪽 모서리를 접어 만드는 파스타다. **Tip** 반죽재료 : 시금치 도우137p. No.7, 새프런 도우140p. No.10, 비트 도우141p. No.11

1 2
3 4

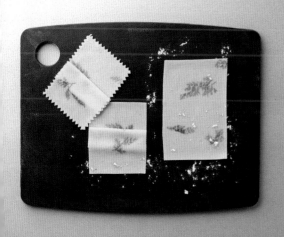

1	**Fettuccine** 페투치네 라치오주 로마의 생면으로 볼로냐의 탈리아텔레와 비슷하나 페투치네가 약간 폭이 넓다. **Tip** 반죽재료 : 달걀반죽128p, No.2 　　　중력분 200g, 달걀 2개, 올리브오일 5g, 소금 2g	2	**Tacconi** 타코니 천조각이라는 뜻의 파스타로 얇게 민 생면을 막 자른 모양이다. **Tip** 반죽재료 : 달걀반죽128p, No.2
3	**Lasagnette al erbe** 허브 라사네테 라사냐의 변형된 파스타로 파스타 반죽을 얇게 밀어 위에 여러 가지 허브 를 올리고 반죽을 덮어 파스타 기계로 밀어낸 작은 크기의 라사냐이다. **Tip** 반죽재료 : 달걀반죽128p, No.2	4	**Nocchette** 노케테 파스타 시트를 원형틀로 눌러 원형으로 만들고 양쪽 끝을 잡아당겨 붙여 서 모양을 만든다. **Tip** 반죽재료 : 먹물 반죽135p, No.5

1 2
3 4

1	**Lorighttas** 로리키타스 사르데냐(Sardegna)의 모르곤조리(Morgongiori) 지역에서 만든 생파스타로 매듭모양으로 만든다. 긴 면 가닥을 집게손가락과 중지손가락에 말아 감은 뒤 끝을 봉합하여 돌돌 말아 꽈서 만든 파스타다. **Tip** 세몰리나 100g, 미지근한 물 55g, 소금 2g	2	**Corzetti** 코르체티 리구리아주 제노바의 전통 파스타로 세몰라 반죽을 코르제티 틀로 찍고 다시 모양 있는 틀 위에 모양을 찍어내는 동전 모양의 파스타다. **Tip** 반죽재료: 세몰리나 반죽126p, No.1 　　세몰리나 100g, 미지근한 물 50g, 올리브오일 5g, 소금 2g
3	**Sagne incannulate** 사네 인칸눌라테 풀리아(Puglia)주 살렌토(Salento) 지역의 파스타로 두 가지 색으로 착색한 파스타를 길이 20cm×폭 0.5cm로 잘라 한쪽부터 돌돌 말아 꼬아 건조하여 만든 생파스타이다. **Tip** 달걀반죽128p, No.2, 먹물 반죽135p, No.5	4	**Strozzapreti** 스트로차프레티 에밀리아로마냐주, 토스카나주의 전통 파스타로 파스타 반죽을 얇은 막대에 올려 비빈 뒤 막대를 빼서 건조하여 만든 생파스타다. **Tip** 반죽재료: 세몰리나 100g, 미지근한 샤프런 물 50g, 　　올리브오일 10g, 소금 3g

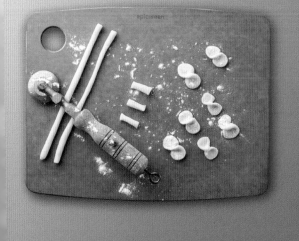

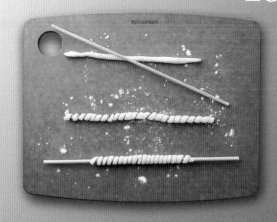

1 2
3 4

1	**Corzetti alla polcevera** 코르체티 알라 폴체베라 리구리아주 발 폴체베라(Val Polcevera) 지역에서 만든 파스타로 5cm 원통의 파스타를 양손 엄지와 검지로 눌러 비튼 뒤 8자 모양으로 만드는 파스타다. **Tip** 반죽재료 : 세몰리나 반죽126p, No.1 세몰리나 100g, 미지근한 물 50g, 올리브오일 5g, 소금 2g	**2**	**Fusilli lunghi** 푸실리 룬기 긴 반죽을 막대에 돌돌 말아 건조한 후 막대를 빼서 만든 전화선 모양의 파스타다. 이 파스타는 푸실리 아 마노(fusili a mano)라고도 불린다. **Tip** 반죽재료 : 세몰리나 반죽126p, No.1
3	**Orecchiettte** 오레키에테 풀리아 지역의 전통 파스타로 오레키에테는 이탈리아에서 가장 오래된 파스타의 하나로 유래에는 다양한 설이 있으며 세몰리나로 만든 '작은 귀' 모양으로 바로 만든 생면은 쫄깃하고 풍부한 식감을 준다. 크기는 대략 2~2.5㎝ 정도이다. **Tip** 반죽재료 : 세몰리나 반죽126p, No.1	**4**	**Strascinati** 스트라시나티 풀리아(Puglia), 바질리카타(Basilicata)주의 전통 파스타로 세몰라와 물로 반죽하여 반죽을 잘라 작은 칼로 눌러 몸 쪽으로 당겨 말린 반죽을 펴서 말린 파스타로 오레키에테(orecchiette)와 유사한 파스타로 보면 된다. **Tip** 반죽재료 : 세몰리나 반죽126p, No.1

chapter 4

Pasta filling

Potato and sausage
감자&소시지

- **버터**butter 20g
- **다진 마늘**chopped garlic 10g
- **로즈메리 촙**
  chopped rosemary leaves 2g
- **다진 파슬리**chopped parsley 5g
- **달걀**egg 1ea
- **소시지**sausage 150g

- **리코타 치즈**ricotta cheese 50g
- **파르메산 치즈**parmigiano reggiano 40g
- **토마토 페이스트**tomato paste 15g
- **너트메그**nutmeg to taste
- **감자 매시**
  potatoes, boiled and mashed 200g
- **소금&후추**salt&pepper to taste

directions

1. 도구 준비하기
  table, scraper, mixing bow
2. 재료 준비하기
  ① 소시지는 스몰 다이스한다.
  ② 마늘, 파슬리, 로즈메리를 촙을 한다.
  ③ 소금물에 감자를 삶아 놓는다.
3. 조리하기
  ① 가스레인지 중불에 프라이팬을 올리고 버터를 넣어 녹여준다.
  ② 1에 마늘과 파슬리를 넣고 나무주걱으로 저으면서 조리한다.
  ③ 2에 소시지를 넣고 으깨주며 브라운색으로 조리한다.

  ④ 3에 토마토 페이스트를 넣고 볶아준다.
  ⑤ 믹싱볼에 프라이팬에 조리된 재료와 감자매시와 남은 재료를 넣어준다.
  ⑥ 5에 소금과 후추로 간하여 골고루 섞어준다.
4. 완성하기
  ① 차갑게 식혀서 짤주머니에 넣어 사용한다.

Ricotta, prosciutto, and mozzarella cheese

리코타, 프로슈토, 그리고 모차렐라 치즈

- **리코타 치즈**ricotta cheese 200g
- **프로슈토**prosciutto 80g
- **달걀**eggs 1ea
- **모차렐라 치즈**mozzarella cheese 200g
- **파르메산 치즈**parmigiano reggiano 50g
- **소금&후추**
  salt&pepper to taste
- **다진 이탈리안 파슬리**
  chopped Italian parsley 10g

directions

1. 도구 준비하기
  table, scraper, mixing bowl

2. 재료 준비하기
  ① 파르메산 치즈는 그레이터로 간다.
  ② 이탈리안 파슬리는 촙을 한다.
  ③ 프로슈토 햄과 모차렐라 치즈는 다이스한다.

3. 조리하기
  ① 리코타 치즈와 달걀을 믹싱볼에 넣고 잘 섞어준다.
  ② 남은 재료를 넣고 소금, 후추로 간을 한다.
  ③ 골고루 섞어준다.

4. 완성하기
  ① 차갑게 식혀서 짤주머니에 넣어 사용한다.

Tip 1. 바질을 넣은 프레시 토마토 소스와 어울린다.

Pumpkin
단호박

- **버터**butter 20g
- **리코타 치즈**ricotta cheese 150g
- **올리브오일**olive oil 20g
- **파르메산 치즈**
  parmigiano reggiano 60g

- **단호박**pumpkin 200g
- **마조람**majoram to taste
- **소금**salt to taste
- **너트메그**nutmeg to taste

directions

1. **도구 준비하기**
   table, scraper, mixing bowl, fry pan
2. **재료 준비하기**
   ① 호박을 슬라이스한다.
   ② 파르메산 치즈는 그레이터로 간다.
3. **조리하기**
   ① 중불로 달궈진 프라이팬에 버터와 올리브오일을 넣어준다.
   ② 1에 호박을 넣어 부드러워질 때까지 볶아준다.
   ③ 2에 소금과 후추로 간한다.

④ 믹싱볼에 호박 볶은 것을 옮기고 호박을 부드럽게 으깬다.
⑤ 4번에 리코타, 파르메산 치즈, 너트메그, 마조람을 넣고 잘 섞어준다.

4. **완성하기**
   ① 차갑게 식혀서 짤주머니에 넣어 사용한다.

Tip 1. 단호박 라비올리는 가벼운 토마토 소스와 잘 어울린다.

Artichoke
아티초크

- **아티초크**artichokes 100g
- **리코타 치즈**ricotta cheese 100g
- **레몬**lemon 1/2ea
- **달걀**eggs 2ea
- **올리브오일**olive oil 20ml

- **파르메산 치즈**
  parmigiano reggiano 60g
- **소금&후추**salt&pepper to taste
- **빵가루**gread crumb 20g
- **민트잎**mint leaves 10g

directions

1. 도구 준비하기
  table, scraper, mixing bowl, fry pan
2. 재료 준비하기
  ① 파르메산 치즈는 그레이터로 간다.
  ② 민트잎은 곱게 촙을 한다.
  ③ 레몬은 즙을 짠다.

3. 조리하기
  ① 가스레인지에 프라이팬을 올리고 중불로 팬을 달군다.
  ② 올리브오일을 넣고 아티초크를 넣고 1분 정도 볶아준다.
  ③ 스테인리스 볼에 옮기고 곱게 으깨준다.
  ④ 나머지 재료를 넣고 나무스푼으로 잘 섞어 소금, 후추로 간을 한다.
4. 완성하기
  ① 차갑게 식혀서 짤주머니에 넣어 사용한다.

Tip 1. 아티초크 라비올리는 버터, 부추, 파르메산 치즈, 호두소스와 어울린다. 해산물과도 잘 어울린다.

Mushroom

버섯

- **올리브오일**olive oil cheese 20ml
- **파르메산 치즈**parmigiano reggiano 20g
- **다진 마늘**sliced garlic 10g
- **베샤멜 소스**bechamel sauce(208p. No.50) 50g

- **모둠버섯 촙**
  mixed mushrooms, chopped 150g
- **달걀**egg 1ea
- **소금&후추**salt&black pepper to taste

directions

1. 도구 준비하기
table, scraper, mixing bowl, grater, fry pan

2. 재료 준비하기
① 마늘과 버섯은 슬라이스한다.
② 파르메산 치즈는 그레이터로 갈아놓는다.
③ 베샤멜 소스를 만들어 준비한다.

3. 조리하기
① 중불에서 달궈진 프라이팬에 올리브오일을 둘러준다.
② 1에 슬라이스한 마늘을 넣고 갈색이 날 때까지 나무주걱으로 저어준다.
③ 2에 센 불로 변경한 후 버섯을 넣고 볶아준다.

④ 프라이팬에서 마늘을 꺼내 버린다.
⑤ 맛을 보면서 소금과 후추를 첨가하고 약한 불에서 은근히 조려준다.
⑥ 버섯을 미지근하게 식혀 준 후에 믹싱볼에 옮겨담는다.
⑦ 믹싱볼에 나머지 재료인 파르메산 치즈, 베샤멜 소스, 달걀을 넣고 나무 주걱으로 잘 섞어준다.

4. 완성하기
① 차갑게 식혀서 짤주머니에 넣어 사용한다.

Tip 1. 버섯 라비올리 만들기에서 포르치니버섯을 사용하면 특별한 풍미를 갖는다.

Asparagus
아스파라거스

- **아스파라거스 윗부분** asparagus tips 200g
- **달걀**egg 1ea
- **리코타 치즈**ricotta cheese 100g
- **마조람**majoram leaves to taste
- **소금**salt to taste
- **파르메산 치즈**parmigiano reggiano 100g
- **소금&후추**salt&pepper to taste

directions

1. 도구 준비하기
table, scraper, mixing bowl, pot, grater

2. 재료 준비하기
① 파르메산 치즈는 그레이터로 간다.

3. 조리하기
① 아스파라거스 윗부분을 끓는 물에 부드러워질 때까지 데쳐준다.
② 찬물에 담가 밝은 초록색이 되도록 한다.
③ 물기를 제거한 아스파라거스를 스테인리스 볼에 담고 포크를 사용하여 으깨준다.

④ 리코타 치즈, 파르메산 치즈, 달걀, 마조람을 넣고 소금과 후추를 넣고 섞어준다.
⑤ 모든 재료들이 잘 섞이도록 한다.

4. 완성하기
① 짤주머니에 넣어 사용한다.

Tip 1. 라비올리를 작게 만들어 새프런을 넣은 닭육수에 넣어 먹으면 좋다.
2. 사용하고 남은 아스파라거스는 수프나 리조트에 넣어 사용한다.

All about Pasta

chapter 5

Filling pasta

26~29. Filling pasta
파스타 속 채우기

1 2
3 4

1	**Pansoti** 판소티 리구리아주 제노바(Genova) 지역의 전통 라비올리로 야생 허브를 소로 채워 만든 삼각형 모양의 라비올리이다. Tip 반죽재료 : 달걀반죽28p. No.2, 시금치 도우137p. No.7, 　　　 새프런 도우140p. No.10, 비트 도우141p. No.11	2	**Ravioli di rosa** 라비올리 디 로사 장미모양 라비올리는 창작 파스타로 착색한 스폴리아(넓은 면 파스타)를 이용해 장미 꽃송이처럼 만들었다. 만드는 과정은 아뇰로티 달 플린과 유사하나 소를 채워 돌돌 말아 꽃 모 양으로 만든다. Tip 새프런 도우140p. No.10
3	**Culingionis** 쿨린조니스 시칠리아섬의 생파스타로 세몰라 반죽을 원형으로 찍어 삶아 체에 내린 감자 소를 넣고 주름을 내어 만든 것으로 소를 채운 파스타다. Tip 반죽재료 : 세몰라 90g, 중력분 10g, 물 60g, 올리브오일 5g, 　　　 소금 2g	4	**Capellacci** 카펠라치 에밀리아로마냐주의 페라라(Ferrara) 지역에서 만든 라비올리 종류로 정 사각형으로 자른 반죽에 소를 채워 삼각형으로 붙이고 끝을 뾰족하게 하여 붙여서 반지모양으로 만든 생파스타이다. Tip 67p. 중력밀가루 500g, 전란 2.5개, 달걀 노른자 5개, 소금 3g

1 2
3 4

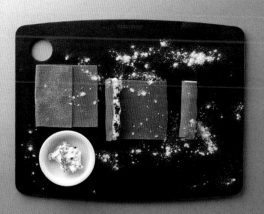

1	**Tortelli alla piacentina** 토르텔리 알라 피아첸티나 에밀리아로마냐주의 피아첸차(Piacenza) 도시의 꼬리 모양을 한 라비올리다. 연질밀과 달걀을 넣어 만든 도우에 리코타 치즈나 마스카르포네 치즈로 소를 채워 반죽을 지그재그로 봉합하여 만드는 라비올리다. **Tip** 반죽재료 : 달걀 도우28p, No.2 　　　중력분 200g, 달걀 2개, 올리브오일 5g, 소금 2g	2	**Cialzon** 칠촌 이탈리아 북부 프리울리(Friuli) 지역에서 만든 라비올리로 카르니아(Carnia) 지역에서 만든 반달모양의 라비올리로 원형으로 자른 반죽에 소를 채워 봉합한 뒤 봉합한 부분이 떠지지 않도록 봉합하듯 접어주는 것이 특징이다. **Tip** 시금치 도우137p. No.7
3	**Cannelloni** 칸넬로니 이탈리아 전역에서 찾아볼 수 있는 파스타로 얇게 민 널빤지 모양 도우를 치즈나 고기소를 채워 돌돌 말아 오븐에 그라탱하여 만든 요리로 나폴리에서는 베샤멜 소스를 뿌려서 조리한다. **Tip** 반죽재료 : 비트 도우141p, No.11	4	**Gnocchi de prugne** 뇨키 데 프루네 프리울리–베네치아 줄리아(Friuli–Venezia Juila)주의 트리에스테(Trieste) 도시의 전통적인 뇨키로 반죽에 건살구를 넣고 봉합하여 만든 뇨키이다. **Tip** 반죽재료 : 감자뇨키 도우168p, No.30

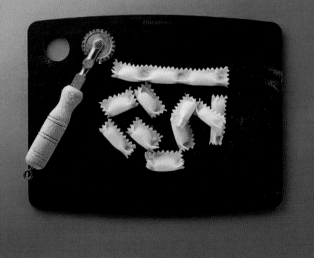

1 2
3 4

1	**Agnolotti del plin** 아뇰로티 델 플린 피에몬테의 랑게와 몽페라토 지역의 전통적인 라비올리로 자그마한 사각 라비올리 사이를 꼬집어서 만든 파스타이다. 플린(plin)은 피에몬테의 방언으로 '꼬집다'라는 의미로 꼬집어 놓은 주름에 소스가 잘 묻어나도록 고안된 파스타이다. **Tip** 반죽재료 : 달걀반죽28p. No.2 　　　　중력분 200g, 달걀 2개, 올리브오일 5g, 소금 2g	2	**Fagottini**(작은 꾸러미) **Fagottini quattro** 파고티니 콰트로(보자기 모양) 작은 꾸러미라는 의미를 가지고 있는 소 채운 파스타로 채소, 육류, 치즈를 넣어 만든다. 만드는 사람에 따라 모양도 다양하게 만들 수 있다. 우리나라의 편수 모양과 비슷한 것은 파고티니 콰트로라고 한다. 파고티니를 '사케토니(sacchettoni)'라고도 부른다. **Tip** 새프런 반죽140p. No.10, 코코아 반죽138p. No.8
3	**Scarpinocc** 신발 모양 라비올리 롬바르디아주 베르가모(Bergamo)의 자그마한 파레(Parre) 지역의 소 채운 라비올리로 원형의 반죽을 찍어 치즈 소를 채우고 반원으로 접어 봉합한 부분이 밑으로 가도록 뒤집고 세운 후 가운데를 눌러 만든 카손첼리(casoncelli)의 한 종류다. **Tip** 반죽재료 : 세몰리아 100g, 우유 60g, 소금 3g	4	**Tortelli** 토르텔리 토스카나 등의 이탈리아 북부지방에서 주로 먹는 라비올리 종류이다. 원형, 사각형, 반달형으로 빚으며, 지름은 5cm 정도로 비교적 큰 편이다. 단호박을 넣은 롬바르디아의 토르텔리와 고기를 주로 넣은 토스카나의 토르텔리(tortelli)가 유명하다. 크기가 큰 순서로 정리하면 토르텔로니(tortelloni), 토르텔리(tortelli), 토렐리니(torrellini) 순이다. **Tip** 반죽재료 : 67p. 중력밀가루 500g, 전란 2.5개, 달걀 노른자 5개, 소금 3g

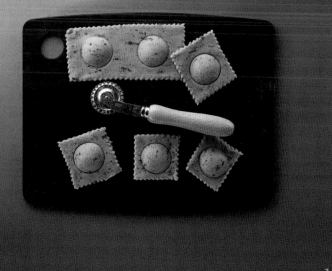

1 2
3

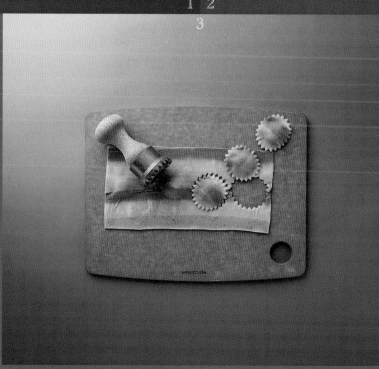

1	**Agnolotti** 아뇰로티 과거에는 원형이었으나 버리는 부분이 적고 작업이 쉬운 사각형으로도 만든다. 어원은 반죽을 도려내는 원형도구 아넬로anello에서 왔다는 설이 있다. **Tip** 라비올리 종류로 피에몬테주의 만두형 파스타이다. 반죽재료 : 시금치 반죽137p. No.7	**2**	**Caramelle** 카라멜레 사탕모양 만두형 파스타이다. 시트를 직사각형으로 잘라 속재료를 넣고 양쪽 끝을 비틀어 캔디처럼 만든다. **Tip** 에밀리아로마냐주의 파스타로 리코타와 녹색 채소를 넣어 만든다. 반죽재료 : 먹물 반죽35p. No.5
3	**Ravioli coloranti** 착색 라비올리 만두형 파스타를 통틀어 부르는 이름이다. 시트를 5~6cm 크기의 정사각형, 원형, 삼각형, 반원형 등으로 만들어 고기, 해산물 등의 여러 가지 재료로 만든 소를 채운다. **Tip** 라비올리는 지역에 따라 아뇰로티, 토르텔리 등으로 다양하게 불린다. 반죽재료 : 시금치 도우137p. No.7, 새프런 도우140p. No.10, 비트 도우141p. No.11로 만듦		

All about Pasta

chapter 6

Gnocchi dough

Potato gnocchi
감자 뇨키

- **감자**potatoes, skin on 300g
- **소금**salt to taste
- **달걀**egg 1/2ea
- **파르메산 치즈**parmigiano reggiano 20g(optional)
- **박력분**weak flour 60g
- **너트메그**nutmeg to taste(optional)

Tip 뇨키를 만들 때 밀가루는 연질밀로 곱게 제분된 Tipo 00이다. 이탈리아 사람들은 연질밀가루를 사용하여 부드러운 뇨키를 만들어 먹는다. 단, 한국 사람들은 쫄깃한 맛을 좋아하여 중력분을 사용하여 만든다. 사람들은 그들이 살아온 음식 맛에 강한 애착을 갖고 있기 때문에 다른 나라의 음식을 본인들의 식문화로 변화시키는 기질이 있다.

1   2   3

4   5   6

directions

1. 도구 준비하기
table, scraper, mixing bowl, chef knife, food mill, gnocchi board

2. 재료 준비하기
① 소금 첨가한 물에 감자 껍질을 벗기지 않고 삶는다.
② 파르메산 치즈를 그레이터로 간다.

3. 조리하기
① 삶은 감자는 껍질 벗겨 체에 내린다.
② 1에 밀가루, 달걀, 너트메그, 파르메산 치즈, 소금을 넣고 스크레이퍼와
    손을 이용하여 반죽을 한다.

③ 반죽을 약간 식힌 후 테이블 위에 밀가루를 뿌려 소시지 모양으로 굴린
    다음 2cm 길이로 커팅한다.

4. 완성하기
① 3을 뇨키판을 이용하여 뇨키를 만들어 완성한다.

Potato and spinach gnocchi
감자 시금치 뇨키

- **시금치**spinach, stems removed 60g
- **달걀**egg 1ea
- **감자**potatoes, skin on 300g
- **박력분**weak flour 125g
- **파르메산 치즈**parmigiano reggiano 20g

directions

1. 도구 준비하기
　　table, scraper, mixing bowl, chef knife, food mill, gnocchi board

2. 재료 준비하기
　　① 소금 첨가한 물에 감자 껍질을 벗기지 않고 삶는다.
　　② 파르메산 치즈를 그레이터로 간다.
　　③ 시금치는 정선하여 끓는 물에 살짝 데쳐 얼음물에 식혀
　　　　물기를 제거한 뒤 퓌레로 만든다.

3. 완성하기
　　① 3을 뇨키판을 이용아여 뇨키를 만들어 완성한다.

Beetroot gnocchi
비트 뇨키

- **비트**beetroot 80g
- **박력분**weak flour 125g
- **레드와인 식초**red wine vinegar 10ml
- **달걀 노른자**egg yolk 1ea

- **감자**potates, skin on 300g
- **소금&후추**salt&pepper to taste

directions

1. 도구 준비하기
  table, scraper, mixing bowl, chef knife, food mill, gnocchi board

2. 재료 준비하기
  ① 소금 첨가한 물에 감자 껍질을 벗기지 않고 삶는다.
  ② 비트는 호일에 싸서 180℃의 예열된 오븐에 30분간 구워 껍질을 제거하고
     체에 내려 퓌레로 만든다.

3. 반죽하기
  ① 삶은 감자는 껍질을 벗겨 체에 내린다.
  ② 1에 밀가루, 달걀 노른자, 비트 퓌레, 소금, 후추를 넣고 스크레이퍼와
     손을 이용하여 반죽을 한다.

③ 반죽을 약간 식힌 후 테이블 위에 밀가루를 뿌려 소시지 모양으로 굴린
   다음 2cm 길이로 커팅한다.

4. 완성하기
  ① 3을 뇨키판을 이용아여 뇨키를 만들어 완성한다.

Saffron gnocchi
새프런 뇨키

- **감자**potates, skin on 300g
- **소금**salt to taste
- **새프런**saffron some
- **물**water 20ml

- **파르메산 치즈**parmigiano reggiano 30g
- **박력분**weak flour 125g

directions

1. 도구 준비하기
table, scraper, mixing bowl, chef knife, food mill, gnocchi board

2. 재료 준비하기
① 소금 첨가한 물에 감자 껍질을 벗기지 않고 삶는다.
② 파르메산 치즈를 그레이터로 간다.
③ 새프런은 30ml의 따뜻한 물에 넣고 우린다.

3. 조리하기
① 삶은 감자는 껍질을 벗겨 체에 내린다.
② 1에 밀가루, 새프런 주스, 파르메산 치즈, 소금을 넣고 스크레이퍼와 손
을 이용하여 반죽을 한다.

③ 반죽을 약간 식힌 후 테이블 위에 밀가루를 뿌려 소시지 모양으로 굴린
다음 2cm 길이로 커팅한다.

4. 완성하기
① 3을 뇨키판을 이용아여 뇨키를 만들어 완성한다.

Squid ink gnocchi
오징어 먹물 뇨키

- **오징어 먹물**squid ink 15g
- **감자**potatoes, skin on 300g
- **소금&후추**salt&pepper to taste
- **박력분**weak flour 125g
- **파르메산 치즈**parmigiano reggiano 20g

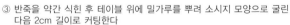

directions

1. 도구 준비하기
  table, scraper, mixing bowl, chef knife, food mill, gnocchi board

2. 재료 준비하기
  ① 소금 첨가한 물에 감자껍질을 벗기지 않고 삶는다.
  ② 파르메산 치즈를 그레이터로 간다.

3. 조리하기
  ① 삶은 감자는 껍질을 벗겨 체에 내린다.
  ② 1에 밀가루, 오징어 먹물, 파르메산 치즈, 소금, 후추를 넣고 스크레이퍼
     와 손을 이용하여 반죽을 한다.

  ③ 반죽을 약간 식힌 후 테이블 위에 밀가루를 뿌려 소시지 모양으로 굴린
     다음 2cm 길이로 커팅한다.

4. 완성하기
  ① 3을 뇨키판을 이용아여 뇨키를 만들어 완성한다.

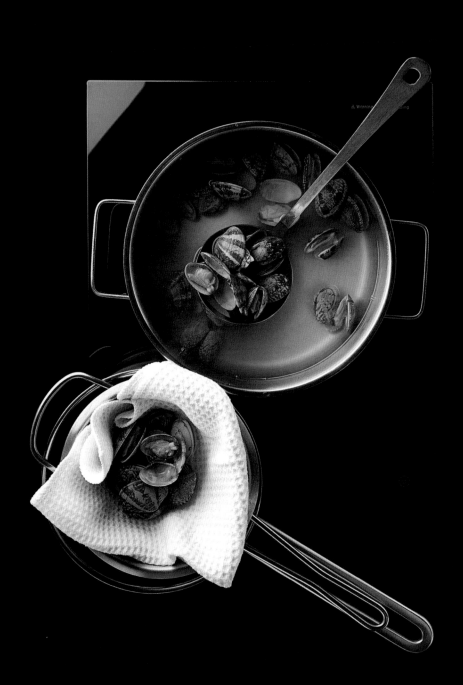

All about Pasta

chapter 7

Stock

Chicken stock

닭 육수

- **닭뼈**chicken bone 1kg
- **찬물**cold water 4L
- **마늘**garlic 10g
- **대파**leek 50g
- **양파**onion 150g

- **파슬리 줄기**parsley stem 150g
- **당근**carrot 70g
- **월계수잎**bay leaf 1 leaves
- **셀러리**celery 50g
- **통후추**whole pepper 5g

Tip 1. 닭육수는 파스타뿐 아니라 여러 가지 요리에 사용되므로 준비해 두면 유용하다.
2. 맑은 육수를 얻으려면 약불로 서서히 끓여야 한다. 센 불로 가열하면 알부민albumin과 프로테인protein이 생겨 육수가 탁해지고 섬유조직이 파괴되므로 6시간 끓이는 것이 적당하다.

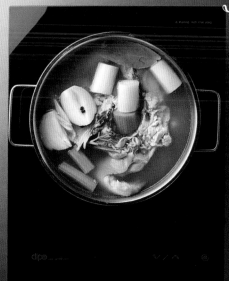

1 2
3 4

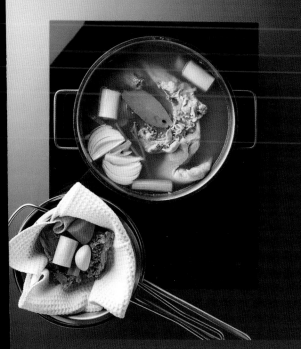
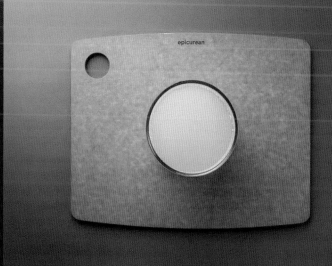

directions

1. 도구 준비하기
 kitchen board, chef knife, cheese cloth, stock pot, spoon, strainer

2. 재료 준비하기
 ① 뼈는 찬물에 한번 데쳐서 불순물을 제거한다.
 ② 데친 뼈는 흐르는 물에 세척한다.

3. 반죽하기
 ① 냄비에 데친 뼈를 넣고 서서히 가열하여 끓을 때 거품과 불순물을 제거한다.

 ② 1에 미르푸아, 향신료를 넣고 약한 불로 끓인다.(향신료를 넣기 전에 반드시 불순물을 제거해야 한다.)
 ③ 6시간 끓여 거른다. 이때 맑은 육수를 얻으려면 면포에 거른다.

4. 완성하기
 ① 차갑게 해서 통에 담아 냉장 보관한다.

Beef stock

소고기 육수

- **소고기**|meat 500g
- **찬물**cold water 5L
- **사골 뼈**beef bone 1kg
- **파슬리 줄기**|parsley stalk 20g
- **양파**onion 150g
- **대파(흰 부분)**leek 50g
- **마늘**garlic 20g
- **통후추**whole pepper 6ea
- **당근**carrot 70g
- **월계수잎**bay leaf 1ea
- **셀러리**celery 70g

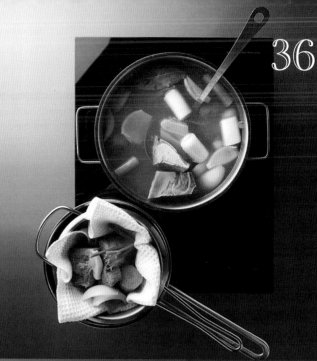

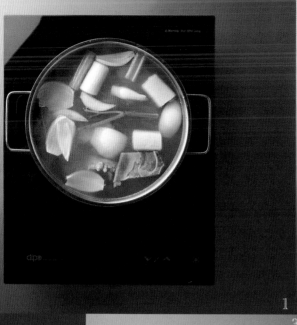

1 2
3

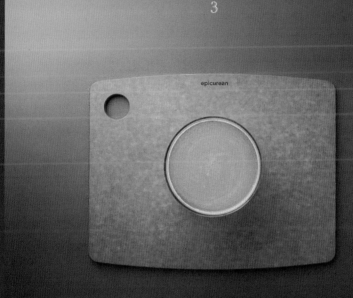

directions

1. 도구 준비하기
kitchen board, chef knife, stock pot, spoon, strainer, cheese cloth

2. 재료 준비하기
① 사골이나 살코기는 하루 동안 냉수에 담가 핏물을 제거한 다음 찬물에 끓여서 불순물을 버리고 뼈, 살만 걸러내어 세척한다.
② 양파, 당근, 셀러리는 어슷하게 썰고 마늘은 눌러준다.
③ 월계수잎, 파슬리 줄기, 통후추를 준비한다.

3. 조리하기
① 찬물 5L에 씻어놓은 뼈, 살코기를 넣고 끓인다.

② 1번에 채소와 허브를 넣고 약불로 1시간 끓인 후 이물질을 모두 제거한다.
③ 너무 탁하지 않으나 진한 맛이 우러나올 정도로 끓여서 3L의 분량으로 졸여준다.
④ 4~5시간 끓여 거른다. 이때 맑은 육수를 얻으려면 면포에 거른다.

4. 완성하기
① 차갑게 해서 통에 담아 냉장 보관한다.

Clam stock

조개육수

- **모시조개**clam 1kg
- **찬물**cold water 2L

Tip 1. 신선한 조개나 해산물이 들어가는 요리에 많이 사용되는 육수다. 바지락이나 모시조개 또는 동죽조개를 사용하고 너무 오랫동안 센 불에서 끓이지 않으며 조개 입이 벌어지면 바로 꺼낸다.
2. 너무 강한 맛이 나는 조개는 사용하지 않는다.
3. 조개의 시원한 국물맛은 호박산에 의한 것으로 3시간 이상 경과 시에는 휘발되어 시원한 조개국물맛이 나지 않는다. 최단시간에 사용해야 한다.

1 2
3

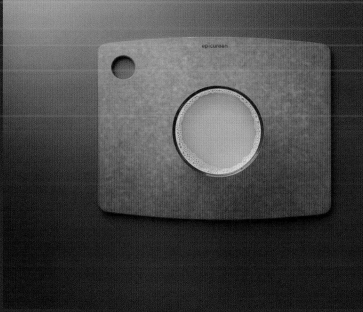

directions

1. 도구 준비하기
 kitchen board, chef knife, stock pot, spoon, strainer, cheese cloth

2. 재료 준비하기
 ① 모시조개는 세척하여 바닷물 염도와 동일한 물에서 하루 정도 해감시킨다.

3. 반죽하기
 ① 냄비에 조개를 넣고 찬물을 부은 다음 가열한다.
 ② 한 번 끓으면 표면에 뜨는 이물질을 제거한다.
 ③ 다른 볼에 물에 적신 면포를 놓고 끓여놓은 조개육수를 부어 거른다.

4. 완성하기
 ① 차갑게 해서 통에 담아 냉장 보관한다.

Fish stock
생선육수

- **생선 뼈**fish bone 1kg
- **건고추**dried chilies 1ea
- **양송이**mushroom 30g
- **올리브오일**olive oil 30ml
- **양파**onion 150g
- **화이트와인**white wine 30ml

- **마늘**garlic 20g
- **찬물**cold water 3L
- **토마토 홀**tomato whole 100g
- **대파(흰 부분)**leek 50g
- **셀러리**celery 70g
- **통후추**whole pepper 6ea

- **파슬리 줄기**parsley stalk 20g
- **월계수잎**bay leaf 1ea

Tip 1. 피시스톡은 오래 끓이면 군내가 나기 때문에 가능하면 한 시간 이내로 끓여야 한다.
2. 생선은 가능하면 비린내가 덜 나는 흰 살 생선(광어, 넙치 등)을 사용한다.

1 2

3

4

5

directions

1. 도구 준비하기
kitchen board, chef knife, stock pot, spoon, strainer, cheese cloth

2. 재료 준비하기
① 생선뼈는 정선하여 물에 담가 불순물과 핏물을 빼준다.
② 양파, 대파, 셀러리는 어슷하게 썰고 마늘은 눌러준다.
③ 월계수잎, 파슬리 줄기, 통후추를 준비한다.

3. 조리하기
① 오일 두른 팬에 마늘과 통후추를 넣고 볶아준다.
② 1에 정선한 양파, 셀러리, 대파, 건고추를 넣고 볶다가 생선뼈를 넣고 볶
   은 후 화이트와인을 넣고 졸여준다.

③ 2에 차가운 물과 향신료, 토마토 홀, 양송이를 넣는다.
④ 너무 탁하지 않으나 진한 맛이 우러나올 정도로 끓여서 2L의 분량으로 졸
   여준다.
⑤ 40분 정도 끓여 거른다. 이때 맑은 육수를 얻으려면 면포에 거른다.

4. 완성하기
① 차갑게 해서 통에 담아 냉장 보관한다.

Vegetable stock
채소 육수

- **당근**carrot 150g
- **찬물**cold water 3L
- **양파**onion 300g
- **정향**clove 1ea
- **셀러리**celery 80g
- **통후추**whole pepper 6ea
- **양배추**cabbage 150g
- **월계수잎**bay leaf 1ea
- **대파(흰 부분)**leek white 80g
- **올리브오일**olive oil 20ml
- **파슬리 줄기**parsley stalk 20g

Tip 1. 채소육수는 파스타, 수프 등에 주로 이용하며 뇨키를 만들어
볶을 때도 많이 이용한다.

1 2
3

directions

1. 도구 준비하기
kitchen board, chef knife, stock pot, spoon, strainer, cheese cloth

2. 재료 준비하기
① 양파, 당근, 셀러리, 양배추, 대파는 큼직하게 썬다.
② 양파에 월계수잎과 정향을 꽂는다.
③ 파슬리 줄기와 월계수잎은 실로 묶어 놓는다.

3. 반죽하기
① 냄비를 달구어 오일을 넣는다.

② 1번에 양파, 대파, 셀러리, 당근, 양배추 순서로 숨이 죽을 정도로 볶는다.
③ 2번에 물을 붓고 끓이다가 준비한 향신료를 넣고 2시간 정도 은근하게 끓여 면포에 거른다.

4. 완성하기
① 차갑게 해서 통에 담아 냉장 보관한다.

chapter 8

Some basic sauces

Classic basil pesto
클래식 바질페스토

- **바질잎**basil leaf 50g
- **소금**salt to taste
- **잣**pine nut 10g
- **마늘**garlic 10g

- **파르메산 치즈**
  parmigiano reggiano 15g
- **올리브오일**olive oil 80ml
- **후추**pepper to taste

Tip 1. 이탈리아의 리구리아를 대표하는 녹색 허브herb로 만든 소스이며 지금은 전 세계에서 모두 즐기는 세계적인 소스로 알려져 있다.
2. 전통적인 제노바식 소스를 만들 때에는 바질의 쓴맛을 없애기 위해 모르타이오mortaio라 부르는 대리석으로 된 절구와 황양나무로 된 절굿공이를 이용하며 현대식으로는 믹서기를 이용하여 모든 재료를 한번에 갈아서 만드는 방법도 있다.
3. 페스토는 "찧다 혹은 빻다, 부수다"의 뜻을 가진 이탈리아어 페스타레와 제노바의 방언 '페스타(pesta)'에서 파생된 말이다.

1 2
3 4

directions

1. 도구 준비하기
  kitchen board, chef knife, large mortar, spoon
2. 재료 준비하기
  ① 잣, 마늘은 곱게 다져놓는다.
  ② 바질은 줄기를 제외하고 잎만 떼어 깨끗이 씻은 다음 물기를 제거해 놓는다.
3. 반죽하기
  ① 도마에 굵은소금을 놓고 칼등으로 으깨듯이 가루를 낸 후, 그 위에 바질잎을 놓고 함께 곱게 다진다.

  ② 다진 바질은 믹싱볼에 옮겨 담고, 다져놓은 잣, 마늘, 치즈가루를 잘 섞는다.
  ③ 2번에 올리브유를 섞으면서 원하는 농도를 맞춘다.
4. 완성하기
  ① 보관 용기에 담아 냉장 보관하여 사용한다.

Tomato sauce I (light body or summer tomato sauce)
가볍고 신선한 토마토 소스

- **토마토** tomato 1kg
- **올리브오일** olive oil 50ml
- **마늘(슬라이스)** garlic slice 10g
- **소금** salt to taste
- **다진 페페론치니** crushed pepperoncini 2g
- **후추** pepper to taste

Tip 1. 신선한 토마토 맛이 나는 가벼운 보디감의 토마토 소스이다.
2. 스파게티니 spaghettini 같은 가는 파스타 형태에 잘 어울리며 신선한 토마토를 먹는 느낌이기 때문에 파스타에 넉넉히 넣어줘야 제맛을 느낄 수 있다.

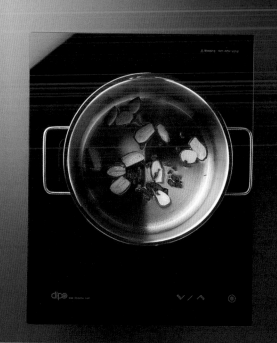

1 2
3 4

directions

1. 도구 준비하기
food processor, kitchen board, chef knife, fry pan, spoon

2. 재료 준비하기
① 꼭지 딴 토마토를 큼직하게 잘라서 프로세서에 넣고 간다.
② 마늘을 슬라이스하고 페페론치니는 다진다.

3. 조리하기
① 팬에 올리브유와 마늘을 넣고 타지 않도록 약불로 익힌다.
② 1번의 팬에 다진 페페론치니와 갈아놓은 토마토를 넣고 소금간을 하여 아주 약한 불에서 끓인다.

③ 소스 팬의 중앙에 보글거리는 거품의 크기가 커지면 농도를 갖추고 익었 다는 뜻이므로 불을 끄고 마지막에 올리브유 1T와 후추를 넣고 마무리 한다.
④ 푸드밀, 또는 믹서기로 거칠게 갈아 완성한다.

4. 완성하기
① 완성된 토마토 소스를 용기에 담아 식혀서 랩을 씌워 냉장 보관한다.

Tomato sauce II(medium body)
중간 정도의 진한 맛을 내는 토마토 소스

- 잘 익은 **토마토**tomato 500g
- **홀 토마토**whole tomato 500g
- **올리브오일**olive oil 50ml
- **후추**pepper to taste
- **마늘(슬라이스)**garlic slice 10g
- **소금**salt to taste
- 다진 **페페론치니**crushed pepperoncini 2g

Tip 1. 약간 진한 맛을 느낄 수 있는 토마토 소스이며 시중의 마트에서 판매되는 소스의 맛과 비슷하다.
2. 가장 흔한 맛의 토마토 소스이지만 다양한 파스타에 사용가능하다.

1 2
3 4

directions

1. 도구 준비하기
kitchen board, chef knife, fry pan, spoon

2. 재료 준비하기
① 잘 익은 토마토는 굵게 다진다.
② 홀 토마토는 으깨어 놓는다.
③ 마늘을 슬라이스하고 페페론치니는 다진다.

3. 반죽하기
① 팬에 올리브유와 마늘을 넣고 타지 않도록 약불로 익힌다
② 1에 다진 페페론치니, 토마토, 홀 토마토를 모두 넣고 볶는다.

③ 2번에 소금, 후추로 간을 하고 아주 약한 불에서 걸쭉해질 때까지 1시간 정도 조려서 완성한다.
④ 푸드밀, 또는 믹서기로 거칠게 갈아 완성한다.

4. 완성하기
① 완성된 토마토 소스를 용기에 담아 식혀서 랩을 씌워 냉장 보관한다.

Tomato sauce III(full body or winter tomato sauce)
진한 토마토 소스

- **홀 토마토**whole tomato 1kg
- **후추**pepper to taste
- **마늘**garlic 10g
- **소금**salt to taste

- **다진 페페론치니**
  crushed pepperoncini 2g
- **올리브오일**olive oil 50g

Tip 1. 오랫동안 조려 농축된 토마토 맛이 나며, 기름진 것이 특징이다. 스파게티나 펜네처럼 겉면에 홈이 파인 파스타를 버무리는 데도 소량의 소스로 충분하다.
2. 토마토의 산성 성분이 물기 없이 농축되어 있다 보니 수분이 많은 신선한 토마토 소스보다 냉장고에서의 보관기간도 훨씬 길다.

1 2
3 4

directions

1. 도구 준비하기
kitchen board, chef knife, fry pan, spoon, wooden spatula

2. 재료 준비하기
① 홀 토마토는 으깨어 놓는다.
② 마늘을 슬라이스하고 페페론치노는 다진다.

3. 조리하기
① 팬에 올리브유를 두르고 마늘을 넣어 갈색이 될 때까지 익힌다. (조금만 더 익히면 탈 것처럼 느껴질 때까지)
② 1번의 마늘이 타기 전에 다진 페페론치니, 토마토, 소금, 후추를 넣고 끓

기 시작하면 불을 아주 약하게 줄여 소스가 진해지고 기름이 소스 표면에 올라올 때까지 조린다.
③ 작은 나무주걱을 이용해서 소스의 중앙에 꽂았을 때 똑바로 세워지면 불을 끈다.
④ 푸드밀, 또는 믹서기로 거칠게 갈아 완성한다.

4. 완성하기
① 완성된 토마토 소스를 용기에 담아 식혀서 랩을 씌워 냉장 보관한다.

Ligurian meat sauce
리구리아식 미트소스

- **포르치니버섯**
  porcini mushroom 25g
- **생로즈메리**fresh rosemary 5g
- **올리브오일**olive oil 50ml
- **백포도주**white wine 60ml
- **버터**butter 40g

- **토마토 콩카세**
  tomato concasser 4ea
- **골수**bone marrow(optional) 150g
- **토마토 페이스트**
  tomato paste 20g
- **다진 셀러리**chopped celery 60g
- **소금&후추**salt&pepper to taste

- **다진 당근**chopped carrot 60g
- **쇠고기 육수**
  beef stock(178p. No.36) 250~500ml
- **다진 양파**chopped onion 100ea
- **월계수잎**bay leaves 2ea
- **마늘**garlic 5g
- **소고기 어깨살**chuck loin 500g

Tip 1. 라구는 제노바, 리구리아의 수도에서 유래했고, 그곳은 이 소스를 tocco라고 부른다. (또는 지역 사투리로 tuccu)
2. ragu 파스타를 메인요리로 먹는다면, 고기를 블렌더에 느린 속도로 갈아서 만들고, 고기를 메인요리로 먹는다면 통째로 조리해서 월계수잎과 로즈메리 향을 낸 후에 버리고 채소를 곁들여서 먹는다.

1 2

3

4

5

directions

1. 도구 준비하기
kitchen board, chef knife, ladle, deep sauce pan, spoon, tong, pepper mill, measuring cup, measuring spoon, wooden spatula

2. 재료 준비하기
① 말린 포르치니버섯을 따뜻한 물에 15분 동안 담갔다가 물기를 제거한 뒤 잘게 다진다.
② 뼈에 골수를 빼낸다.

3. 조리하기
① 깊은 소스팬에 올리브유를 두르고 중불로가열하여 버터와 골수(bone marrow)를 넣고, 셀러리, 당근, 양파, 마늘, 월계수잎과 포르치니를 넣어

6~8분 정도 볶는다. 마늘은 색이 나기 시작하면 골수와 같이 버린다.
② 1번에 고기와 로즈메리를 넣고 약 15분 동안 고기의 모든 면이 갈색이 되도록 굽다가 와인을 넣고 끓어오르면 토마토와 토마토 페이스트를 넣고 볶다가 소금과 후추로 간을 한다.
③ 약불로 10~15분 동안 졸이다가 스톡이 고기를 충분히 덮도록 붓고 불을 아주 약하게 해서 1시간 반 정도 고기가 부드러워질 때까지 조린다. (고기가 팬에 눌어붙지 않도록 나무주걱으로 저어준다. 너무 마른 것 같으면 스톡이나 물을 더 넣는다.)

4. 완성하기
① 소스가 뜨거울 때 버터를 넣어 풍미를 살려준다.
② 완성된 소스를 용기에 담아 식혀서 랩을 씌워 냉장 보관한다.

Classic bolognese ragu sauce
전통 볼로냐식 라구 소스

- **베이컨**bacon 30g
- **토마토 소스**
  tomato sauce(194p, No.43) 600ml
- **버터**butter 20g
- **쇠고기 육수**
  beef stock(178p, No.36) 2L
- **양파**onion 150g
- **세이지**sage 5g

- **당근**carrot 60g
- **이탈리안 파슬리**
  Italian parsley 10g
- **셀러리**celery 60g
- **파르미자노 레자노**
  parmigiano reggiano 30g
- **양송이**button mushroom 50g

- **올리브오일**olive oil 20ml
- **민스트포크**minced pork 200g
- **적포도주**red wine 150ml
- **민스트비프**minced beef 300g
- **토마토 페이스트**
  tomato paste 50g

Tip

1. 볼로냐식 라구는 미국 시장을 거쳐 한국에 알려진 소스이다.
2. 적은 양보다 많은 양으로 오랫동안 끓여야 더 깊고 진한 맛을 낼 수 있다.

directions

1. 도구 준비하기
kitchen board, chef knife, ladle, large pot, spoon, measuring cup, measuring spoon, strainer, wooden spatula

2. 재료 준비하기
① 베이컨은 잘게 썰고 양파, 당근, 셀러리, 버섯을 잘게 다져놓는다.
② 향초(세이지, 이탈리안 파슬리)는 잘게 썰어 놓는다.

3. 조리하기
① 팬에 올리브유를 조금 두르고 베이컨을 볶다가 버터를 넣어 녹인다.
② 1에 양파, 당근, 셀러리, 버섯을 볶다가 민스트비프, 민스트포크를 넣어 함께 익힌다.

③ 2의 고기가 익으면 적포도주를 넣어 알코올을 증발시킨다.
④ 3에 토마토 페이스트를 넣고 볶다가 토마토 소스를 넣어 끓이다가 고기육수를 넣고 원하는 농도가 나오면 소금, 후추로 간을 한다.

4. 완성하기
① 마지막으로 세이지, 이탈리안 파슬리, 파르미자노 레자노 치즈가루를 넣어 맛을 낸다.
② 소스가 뜨거울 때 버터로 몽트monte한다.
③ 완성된 소스를 용기에 담아 식혀서 랩을 씌워 냉장 보관한다.

Neapolitan ragu sauce
나폴리식 라구 소스

- 소고기 우둔살rump 30g
- 완숙 토마토 콩카세
  ripe tomato concasser 1kg
- 다진 마늘chopped garlic 10g
- 바질잎basil leaves 15g
- 건포도sultanas 100g

- 파르미자노 레자노
  parmigiano reggiano 50g
- 올리브오일olive oil 80ml
- 소금&후추salt&pepper to taste
- 잣pine nuts 30g
- 판체타pancetta(46p) 또는
  베이컨bacon 50g

- 다진 파슬리chopped parsley 10g
- 다진 적양파
  chopped red onion 100g
- 백포도주white wine 80ml

Tip

1. 나폴리식 라구 소스는 다른 고기소스처럼 간 고기가 아니라 각종 고기를 덩어리째 실로 꽁꽁 묶어서 쓰고 팬에서 갈색으로 만든 후 채소 등과 함께 오랜 시간 끓여 고기는 부드럽고 국물맛은 깔끔해진다.
2. 리가토니, 치티, 펜네, 부카티니와 같이 구멍 뚫린 파스타와 잘 어울린다.

1 2

3

4

5

directions

1. 도구 준비하기
kitchen board, chef knife, ladle, large pot, spoon, measuring cup, measuring spoon, strainer, wooden spatula

2. 재료 준비하기
① 고기 다진 후 소금과 후추로 양념하고 다진 마늘, 건포도, 잣, 파슬리촙을 한다.
② 돼지 갈비는 소금, 후추로 밑간을 한다.
③ 토마토는 껍질을 벗겨 콩카세한다.

3. 조리하기
① 큰 팬에 오일을 두르고 중불로 가열 후 마늘을 넣고 소고기, 돼지 갈비를 넣어 10분 동안 구워서 갈색이 나면 팬에서 옮겨낸 후, 판체타와 양파를 넣고 양파가 황금색이 나도록 잘 볶는다.
② 1에 건포도, 잣을 넣는다.
③ 2의 팬에 옮겨놓은 소고기, 돼지 갈비를 넣고 화이트와인을 붓고 신맛이 날아갈 때까지 조린다.
④ 3의 팬에 토마토, 바질을 넣고 소금, 후추로 양념하여 나무주걱으로 젓다가 약불로 줄여서 2시간 동안 끓이고, 자주 팬을 흔들어서 소스와 고기가 잘 섞이도록 하고, 물이나 스톡을 넣어 농도를 조절한다.

4. 완성하기
① 마지막으로 파슬리촙, 파르미자노 레자노 치즈가루를 풀어 맛을 낸다.
② 완성된 소스를 용기에 담아 식혀서 랩을 씌워 냉장 보관한다.

Neapolitan meat sauce
나폴리식 미트소스 (전통방법)

- **판체타(베이컨) 다이스**(46p.)diced pancetta(bacon) 50g
- **프로슈토 다이스**diced prosciutto 50g
- **살라미 다이스**diced salami 50g
- **올리브오일**olive oil 100ml
- **다진 당근**chopped carrot 100g
- **소고기 어깨살**chuck loin 1kg
- **다진 셀러리**chopped celery 100g

- **백포도주**white wine 60ml
- **다진 양파**chopped onion 200g
- **소금&후추**salt&pepper to taste
- **토마토 콩카세**tomato concasser 800g
- **로즈메리**rosemary 2g
- **타임잎**thyme leaf 2g
- **이탈리안 파슬리**italian parsley 5g

Tip 1. 큰 조각으로 썰어 만든 라구는 라구 제노베제인데 나폴리에서 만들어지므로 '라구 나폴레타노'라 불린다.
2. 전통적인 방법으로 양파만 장시간 볶아서 파스타를 양념하는 것을 말하며 선호도가 낮은 저렴한 고기를 이용하여 파스타의 소스 또는 덩어리고기는 메인으로 사용되었다.

1 2

3

4

5

directions

1. 도구 준비하기

kitchen board, chef knife, ladle large pot, spoon,
measuring cup, measuring spoon, strainer, wooden spatula

2. 재료 준비하기

① 판체타, 프로슈토, 살라미, 양파, 당근, 셀러리는 작은 사이즈로 다이스한
다.

② 토마토는 껍질을 벗겨 콩카세한다.

③ 소고기 어깨살은 슬라이스한다.

④ 허브는 촙을 하고 모든 재료를 잘 섞는다.

3. 조리하기

① 팬에 버터와 올리브오일을 두르고 양파와 섞어놓은 재료들과 소고기를 넣
고 소금, 후추로 양념한 뒤 뚜껑을 덮고 약불로 1시간 반 동안 팬을 주기
적으로 흔들면서 조리한다. 15~20분마다 고기를 뒤집는다.

② 뚜껑을 빼고 불을 중-강불로 높여 고기 전체가 갈색이 나도록 하고 와인
을 3번에 나눠서 한번 끓으면 넣는 식으로 하여 조린다.

③ 2번에 토마토 콩카세, 허브촙을 넣는다.

④ 약불로 낮춰 뚜껑을 덮고 매우 약불로 1시간 동안 요리한다. (바닥이 타지
않도록 육수나 물을 조절하며 넣어준다.)

4. 완성하기와 보관하기

① 소스가 뜨거울 때 버터로 몽트한다.

② 완성된 소스를 용기에 담아 식힌 뒤 랩을 씌워 냉장 보관한다.

Sicilian meat sauce
시칠리안식 미트소스

- **소고기 어깨살**chuck loin slice 500g
- **토마토 콩카세**tomato concasser 1.2kg
- **민스트비프**minced beef 100g
- **드라이 오레가노**dried oregano 2g
- **소시지**sausages 100g
- **소금&후추**salt&pepper to taste
- **다진 바질잎**chopped basil 10g

- **양파(슬라이스)**sliced onion 150g
- **다진 마늘**chopped garlic 10g
- **올리브오일**olive oil 100ml
- **월계수잎**bay leaves 2ea
- **적포도주**red wine 80ml

Tip 1. 시칠리아 지역에서는 넓게 편 고기에 소시지 등을 채워 말아서 익힌 후 소스는 파스타와 함께 먹고 롤라드는 썰어서 그린 샐러드와 함께 레드와인식초, 올리브유를 뿌려서 먹기도 한다.

directions

1. 도구 준비하기
    kitchen board, chef knife, ladle, large pot, spoon,
    measuring cup, measuring spoon, wooden spatula

2. 재료 준비하기
    ① 다진 소고기에 바질, 마늘, 소금으로 간을 한다.
    ② 다이스한 소시지는 팬에 노릇하게 구워 기름을 제거한다.
    ③ 양파, 마늘은 촙을 한다.
    ④ 토마토는 콩카세한다.

3. 조리하기
    ① 깊은 소스팬에 올리브오일을 두른 뒤 마늘, 양파를 넣고 타지 않게 볶는다.

    ② 1에 토마토 콩카세, 민스트비프를 넣고 갈색이 나면, 레드와인을 붓고 끓
       어 오를 때까지 가열한다.
    ③ 토마토, 오레가노, 월계수잎을 넣고 소금과 후추로 간을 한다.
    ④ 구운 소시지를 넣고 잘 섞어 약불로 줄여서 1시간 동안 조리한다.
    ⑤ 주기적으로 팬을 흔들어서, 고기를 15~20분마다 뒤집어주고, 물이나 스
       톡으로 원하는 농도를 맞춘다.

4. 완성하기
    ① 완성된 소스를 용기에 담아 식혀서 랩을 씌워 냉장 보관한다.

Piemonte style ragu sauce
피에몬테식 라구 소스

- **버터**butter 30g
- **생소시지**fresh sausage 80g
- **마늘**garlic 10g
- **적포도주**red wine 60ml
- **양파**onion 80g
- **토마토 페이스트**tomato paste 20g
- **당근**carrot 30g

- **브라운 소스**brown sauce 100ml
- **셀러리**celery 30g
- **소고기 육수**
  beef stock(178p, No.36) 200ml
- **표고버섯 or 포르치니**
  shiitake or porcini mushroom 20g
- **그라나파다노 치즈**
  granapadano cheese 20g

- **세이지**sage 2g
- **이탈리안 파슬리**Italian parsley 10g
- **로즈메리**rosemary 3g
- **소금&후추**salt&pepper to taste
- **베이컨**bacon 30g
- **설탕**sugar to taste
- **민스트비프**minced beef 30g

Tip 1. 피에몬테식 라구 소스는 올리브유 대신 버터를 사용하며, 돼지고기로 만든 살시챠(생소시지)를 넣는 것이 특징이다.
2. 피에몬테식 라구는 포르치니버섯을 사용하나, 표고버섯으로 대체 가능하며 설탕을 약간 넣으면 맛이 부드러워진다.

directions

1. 도구 준비하기
  kitchen board, chef knife, ladle, large pot, spoon,
  measuring cup, measuring spoon, wooden spatula

2. 재료 준비하기
  ① 마늘은 슬라이스하고 양파, 당근, 셀러리는 곱게 다진다.
  ② 포르치니버섯 or 표고버섯은 기둥을 떼고 씻어, 잘게 다진다.
  ③ 베이컨은 슬라이스한다.

3. 조리하기
  ① 냄비에 버터, 베이컨, 마늘을 약불에서 볶다가 양파, 당근, 셀러리, 표고버
    섯 순으로 중불에서 볶는다. (채소의 맛이 버터에 스며들게 한다.)

  ② 1에 세이지, 로즈메리 잎을 잘게 썰어 넣는다.
  ③ 전체적으로 채소, 고기를 잘 볶다가 레드와인을 넣어 플람베하고 토마토 페
    이스트와 비프스톡을 넣고 약불에서 30분간 뚜껑을 덮고 푹 끓여준다.
  ④ 3에 브라운 소스를 넣고 충분히 끓여 적당한 농도와 맛이 우러났을 때 그라나
    파다노 치즈가루, 후추를 넣어 맛을 내고 소금 간을 한다.

4. 완성하기
  ① 불을 끄고 버터로 몽트한다.
  ② 완성된 소스를 용기에 담아 식혀서 랩을 씌워 냉장 보관한다.

Bechamel sauce

베샤멜 소스

- **버터**butter 50g
- **월계수잎**bay leaf 1ea
- **밀가루**flour 50g
- **우유**milk 1L
- **다진 양파**chopped onion 15g

- **정향**clove 2ea
- **육두구**nut meg to taste
- **소금**salt to taste

Tip 1. 베샤멜은 5가지 모체소스 중 우유를 바탕으로 한 소스이다.
2. 만드는 방법은 지역별, 셰프별로 다르고, 버터와 밀가루를 이용하여 루roux를 만들 때 냄비의 바닥을 고루 저어야 눋거나 타지 않는다.
3. 베샤멜 소스가 가장 흔하게 쓰이는 분야는 파스타로, 그중에서도 라사냐를 만들 때 들어간다. 라사냐를 층층이 쌓아가는 과정에서 라구 소스와 더불어 베샤멜 소스를 넣어줘야 하기 때문이다.

1 2
3 4

directions

1. 도구 준비하기
kitchen board, chef knife, ladle, large pot, spoon,
measuring cup, measuring spoon, strainer, wooden spatula

2. 재료 준비하기
① 양파에 정향을 끼워 놓는다.
② 우유는 미지근하게 데워 놓는다.

3. 조리하기
① 중불에서 냄비에 버터를 넣고 녹으면 밀가루를 넣어 재빠르게 볶는다.

② 1의 내용물이 푸석해지면 미지근한 우유의 절반을 먼저 붓고 나무주걱으로 끈기가 생길 때까지 젓는다.
③ 2의 화이트루white roux가 완성되면 나머지 우유 절반을 붓고 나무주걱 대신 거품기로 완전히 풀어준다.
④ 3의 냄비를 약불로 줄이고, 정향을 끼운 양파, 월계수잎, 너트메그를 넣고 타지 않도록 젓다가 농도가 생기면 소금으로 간을 맞추어 소스를 완성한다.

4. 완성하기와 보관하기
① 완성된 소스를 소스통에 담는다.

chapter 9

Olive oil and butter :
The base for the simplest sauces
올리브오일과 버터를 활용한 파스타

Spaghetti with olive oil mixed butter sauce
올리브유와 버터 혼합소스로 맛을 낸 스파게티

- **스파게티**spaghetti 100g
- **소금&후추**salt&pepper to taste
- **올리브오일**olive oil 30ml
- **다진 마늘**chopped garlic options
- **버터**butter 20g

- **다진 파슬리**chopped parsley options
- **파르메산 치즈(파르미자노 레자노)**
  parmigiano reggiano 20g

Tip 1. 이탈리아 사람들이 손으로 처음 먹기 시작한 버터와 올리브오일로 맛을 낸 심플하면서도 담백한 가장 기본적인 파스타 중 하나이다.
2. 선택에 따라 올리브olive, 트러플truffle, 각종 허브herb, 마늘garlic 등 무궁무진한 재료들을 첨가하여 새롭게 만들 수 있다.

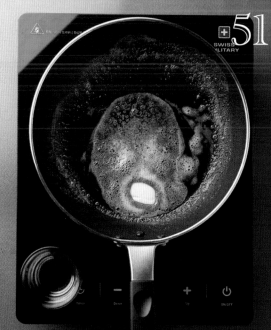

1 2
3 4

directions

1. 도구 준비하기
kitchen board, chef knife, ladle, tong, fry pan, large pot, spoon, pepper mill, measuring cup, measuring spoon, strainer, wooden spatula

2. 재료 준비하기
① 끓는 물 2L, 소금 20g에 스파게티면을 8분간 삶는다.

3. 조리하기
① 팬에 올리브오일과 버터(1/2)를 두른고 다진 마늘(options)을 타지 않게 볶아서 향을 낸다.

② 1에 삶아놓은 면을 넣고 면 삶은 물로 농도를 조절하여 섞은 다음, 소금, 후추로 간을 한다.

③ 2에 나머지 버터와 파르메산 치즈, 파슬리 촙(options)을 넣고 살짝 섞어 준 다음 마무리한다.

4. 완성하기
① 접시에 포크나 젓가락으로 예쁘게 돌려 담는다.

② 그레이터로 파르메산 치즈를 갈아 뿌려준다.

Spaghetti with sage butter sauce
세이지 버터소스로 맛을 낸 스파게티

- **스파게티**spaghetti 100g
- **파르메산 치즈**parmigiano reggiano 20g
- **버터**butter 60g
- **소금&후추**salt&pepper to taste

- **세이지**sage 5g
- **다진 마늘**chopped garlic options

Tip 1. 세이지를 넣은 버터소스는 속을 채워 만든 파스타용 소스들 중에서도 가장 간단하면서 최고로 근사한 맛이 나게 해주는 소스 일 것이다.

directions

1. 도구 준비하기
kitchen board, chef knife, ladle, tong, fry pan, large pot, spoon, pepper mill, measuring cup, measuring spoon, strainer, wooden spatula, grater

2. 재료 준비하기
① 끓는 물 2L, 소금 20g에 스파게티면을 넣고 8분간 삶아 건져서 올리브오일에 버무려 코팅한다.
② 세이지는 곱게 다진다.

3. 반죽하기
① 팬에 버터를 녹이고 누아제트(향미를 강하게 만든 황갈색의 가열한 버터를 말하며 헤즐넛 버터라고도 한다.) 형태로 만든다.
② 1에 거칠게 다진 마늘(options)을 넣고 타지 않게 볶는다.
③ 2에 삶아놓은 면과 다진 세이지를 넣고 면수 한 국자 정도를 넣고 면과 소스가 잘 어우러지도록 섞다가 소금과 후추로 간을 맞춘다.

4. 완성하기
① 접시에 예쁘게 담는다.
② 그레이터로 파르메산 치즈를 갈아 뿌려준다.

Spaghetti with street walker sauce
스트리트 워커 소스로 맛을 낸 스파게티

- **스파게티**spaghetti 100g
- **블랙올리브**black olive 2ea
- **마늘**garlic 5g
- **케이퍼**caper 10g
- **다진 페페론치니**
  crushed pepperoncini 2g

- **이탈리안 파슬리**Italian parsley 10g
- **앤초비**anchovy 10g
- **올리브오일**olive oil 30ml
- **체리토마토**cherry tomato 2ea
- **소금&후추**salt&pepper to taste

Tip 1. '푸타네스카 길거리의 여인들'이라는 뜻을 가진 파스타이다.

directions

1. 도구 준비하기

kitchen board, chef knife, ladle, tong, fry pan, large pot, spoon,
pepper mill, measuring cup, measuring spoon, strainer, wooden spatula

2. 재료 준비하기

① 마늘, 블랙올리브, 케이퍼, 앤초비, 파슬리, 페페론치노는 거칠게 촙을 한다.

② 체리토마토는 1/4cut한다.

③ 끓는 물 2L, 소금 20g에 스파게티면을 넣고 8분간 삶아 올리브유에 코팅
시킨다.

3. 조리하기

① 팬에 올리브유를 두르고 마늘이 타지 않도록 볶아서 향을 낸다.

② 1에 다진 블랙올리브, 케이퍼, 앤초비, 페페론치니 촙을 넣고 약한 불에서
볶아준다.

③ 2에 삶아놓은 스파게티를 넣고 소금, 후추로 간을 본다.

④ 3에 이탈리안 파슬리 촙, 체리토마토를 넣고 마무리한다.

4. 완성하기와 보관하기

① 접시에 예쁘게 담는다.

Spaghetti al provolone cheese
프로볼로네 치즈 스파게티

- **스파게티**spaghetti 100g
- **소금&후추**salt&pepper to taste
- **올리브오일**olive oil 30ml
- **다진 마늘**chopped garlic options

- **프로볼로네 or 카초카발로치즈**
  provolone or caciocavallo cheese 50g
- **다진 파슬리**chopped parsley options

Tip 1. 카초카발로는 오뚜기 모양의 치즈 두 덩이를 줄 하나에 매어 말등에 안장 걸듯 나무막대에 걸어서 숙성시키기 때문에 이런 이름이 붙여졌다. 원래는 시칠리아가 원산지이지만 칼라브리아 지역에 원산지 등록을 빼앗겨 이름도 라구자나D.O.P로 붙여서 판매되고 있다.
2. 아브루초의 전통요리로 이탈리아의 동네 어디에서든 흔히 볼 수 있는 소박한 파스타이다.

1 2

3

4

5

directions

1. 도구 준비하기
kitchen board, chef knife, ladle, tong, fry pan, large pot, spoon, pepper mill, measuring cup, measuring spoon, strainer, wooden spatula, grater

2. 재료 준비하기
① 끓는 물 2L, 소금 20g을 넣고 스파게티면을 8분간 삶는다.
② 프로볼로네 치즈를 그레이터로 갈아 놓는다.

3. 조리하기
① 팬에 올리브오일을 넣고 약한 불에서 마늘(options)을 타지 않게 볶아서 향을 낸다.
② 1에 삶은 스파게티면을 넣고 면수를 2Ts 정도 넣어 농도를 조절한다.
③ 2에 소금, 후추, 프로볼로네 치즈를 듬뿍 갈아 넣어 치즈가 녹기 시작할 때까지 센 불에서 몇 초간 앞뒤로 흔들어 잘 섞는다.

4. 완성하기
① 그릇에 예쁘게 담아준다.
② 내놓기 직전에 충분한 양의 치즈, 파슬리 촙(options), 후추를 갈아 뿌려 완성한다.

Spaghetti peperoncino aglio olio
스파게티 페페론치노 알리오 올리오

- **스파게티**spaghetti 100g
- **이탈리안 파슬리**Italian parsley 10g
- **마늘**garlic 20g
- **소금&후추**salt&pepper to taste

- **페페론치노**peperoncino 5g
- **파르메산 치즈**parmigiano reggiano 20g
- **올리브오일**olive oil 40ml

Tip 1. 알리오 올리오는 이탈리아어로, 마늘과 올리브오일만으로도 족하다는 뜻에서 시작된 파스타 이름이며 가장 쉽고, 빠르고, 맛있게 만들 수 있는 파스타이다.
2. 선택에 따라 이탈리아고추 등으로 매운맛을 살려 요리할 수 있다.

directions

1. 도구 준비하기
kitchen board, chef knife, ladle, tong, fry pan, large pot, spoon,
pepper mill, measuring cup, measuring spoon, strainer, wooden spatula

2. 재료 준비하기
① 마늘은 슬라이스한다.
② 이탈리안 파슬리, 페페론치노는 곱게 다진다.
③ 끓는 물 2L, 소금 20g과 스파게티면을 넣고 8분간 삶아 올리브오일로
코팅시킨다.

3. 조리하기
① 팬에 올리브오일을 두르고 약불에서 마늘과 페페론치노를 넣고 타지 않

게 주의하면서 살짝 튀기듯 볶는다.
② 1에 면수를 3Ts 정도 넣어 마늘이 타지 않도록 한다.
③ 2에 익힌 면을 넣고 면에 올리브오일이 혼합되도록 몇 초간 팬을 앞뒤로
흔들어 섞고 이탈리안 파슬리 촙, 소금, 후추로 간을 한다.

4. 완성하기와 보관하기
① 그릇에 예쁘게 담아준다.
② 올리브오일을 살짝 둘러서 향을 살려주고 파르메산 치즈(options)를 그레
이터로 갈아 뿌려서 마무리한다.

chapter 10

Cream-based pasta

크림을 활용한 파스타

Conchiglie rigate with orange cream sauce
오렌지 크림소스로 맛을 낸 콘킬리에 리가테

- **콘킬리에 리가테**conchiglie rigate 100g
- **생크림**fresh cream 150ml
- **오렌지**orange 2ea
- **버터**butter 10g
- **브랜디**brandy 10ml
- **소금**salt to taste

Tip 1. 과일과 크림을 이용한 상큼하고 가벼운 느낌의 파스타이다.

directions

1. 도구 준비하기
kitchen board, chef knife, ladle, tong, fry pan, large pot, spoon, pepper mill, measuring cup, measuring spoon, strainer, wooden spatula

2. 재료 준비하기
① 오렌지는 시그먼트하고 껍질은 zester로 긁어서 장식용 껍질을 준비한다.
② 끓는 물 2L, 소금 20g에 콘킬리에 리가테면을 8분간 삶는다.

3. 조리하기
① 팬에 생크림과 갈아 놓은 오렌지 껍질 1Ts를 넣고 약한 불로 끓여 1/2로 만든다.

② 다른 팬에 버터를 녹여 오렌지 과육을 넣은 후 몇 초간 익혀 단맛을 상승시킨다.
③ 2에 브랜디를 붓고 플람베하며 오렌지 과육, 껍질은 따로 건져둔다. 그 후 1번의 크림을 넣고 소금으로 간을 한다.
④ 익힌 면을 건져 3번의 팬에 넣고 센 불에서 몇 초간 앞뒤로 흔든 뒤 불을 끄고 버터를 조금 넣고 몽트를 한다.

4. 완성하기
① 접시에 예쁘게 담고 오렌지조각과 오렌지 껍질로 장식한다.

Three cheese and walnut flavored penne
세 가지 치즈와 호두로 맛을 낸 펜네

- **펜네**penne 100g
- **호두**walnuts 40g
- **고르곤졸라 치즈**gorgonzola cheese 30g
- **소금&후추**salt&pepper to taste
- **파르메산 치즈**parmigiano reggiano 30g

- **양파**onion options
- **프로볼로네 치즈**provolone cheese 30g
- **양송이버섯**mushroom options
- **생크림**fresh cream 100ml

Tip 1. 북부 알프스 지방에서 즐겨 먹으며 스키 등 운동 후에 에너지를 보충하기 좋은 풍부하고 진한 맛의 크림 파스타이다.

3 1 2
4 5

directions

1. 도구 준비하기
kitchen board, chef knife, ladle, tong, fry pan, large pot, spoon, pepper mill, measuring cup, measuring spoon, strainer, wooden spatula

2. 재료 준비하기
① 코팅 팬에 호두를 구워서 6개는 남기고 나머지는 굵게 썬다.
② 준비한 치즈는 모두 사방 1cm인 주사위(dice) 형태로 자르고 각 치즈마다 장식용으로 2조각씩 남긴다.
③ 끓는 물 2L, 소금 20g을 넣어 펜네를 8분간 삶는다.

3. 조리하기
① 팬에 생크림을 끓여서 잘라 놓은 치즈와 파르메산 치즈를 넣어 약한 불에서 나무주걱을 이용해 치즈가 잘 녹을 때까지 저어준다.
② 1의 소스가 매끄러워지면 불에서 내리고, 이때 농도가 너무 되직하면 면수로 농도를 조절한다.
③ 익힌 면을 건져 썰어둔 호두와 함께 치즈크림에 넣고 잘 섞어준다.

4. 완성하기
① 접시에 예쁘게 담고 남겨둔 치즈와 호두알로 장식한다.

Tricolor fusilli with sparkling wine cream sauce
스파클링 와인 크림소스를 곁들인 삼색 푸실리

- **삼색 푸실리**tricolor fusilli 100g
- **버터**butter 20g
- **스파클링 와인**sparkling wine 50ml
- **소금**salt to taste

- **루콜라**rucola 30g
- **올리브오일**olive oil 10ml
- **생크림**fresh cream 150ml
- **체리토마토**cherry tomato 3ea

Tip 1. 소중한 가족이나 연인과의 특별한 날을 위해 만들어줄 수 있는 이벤트용 파스타이다.

58

directions

1. 도구 준비하기
kitchen board, chef knife, ladle, tong, fry pan, large pot, spoon, pepper mill, measuring cup, measuring spoon, strainer, wooden spatula

2. 재료 준비하기
① 체리토마토는 4등분한다.
② 루콜라는 정선하여 찬물에 담가둔다.
③ 끓는 물 2L에 소금 20g을 넣고 삼색 푸실리 파스타를 7분간 삶아 건진 후, 올리브오일에 코팅시킨다.

3. 조리하기
① 스파클링 와인을 팬에 붓고 소금간을 살짝해서 1/3로 졸인다. 그 후 생크림을 넣어 거품기로 섞어 약불에서 5분간 천천히 끓인다.
② 불에서 팬을 내리고 버터를 넣어 거품기로 잘 섞는다.
③ 그 후 루콜라는 장식용으로 3장 정도 남기고 슬라이스한다.
④ 팬에 3번을 넣고 면과 체리토마토를 넣은 다음 불에서 내린 채로 흔들어 가며 섞는다. (이때 루콜라의 색이 변하지 않도록 주의한다.)

4. 완성하기
① 접시에 예쁘게 담고 루콜라잎으로 장식한다.

Cream sauce garganelli with herb crumble and sausage
허브크럼블과 소시지를 곁들인 크림소스 가르가넬리

- **가르가넬리**garganelli 100g
- **소시지**sausage 80g
- **브로콜리**broccoli 60g
- **버터**butter 20g
- **치킨육수**chicken stock(176p, No.35) 60ml
- **우유**milk 50ml
- **이탈리안 파슬리**Italian parsley 10g
- **마늘**garlic 5g

herb crumble
- **빵가루**bread crumb 50g
- **타임**thyme 10g
- **로즈메리**rosemary 10g
- **이탈리안 파슬리**Italian parsley 10g
- **올리브오일**olive oil 15ml
- **소금&후추**salt&pepper to taste

Tip 1. 가르가넬리는 달걀로 반죽하여 만드는 파스타의 일종으로 사각형으로 납작하게 반죽하여 파이프 모양으로 먹는 파스타이다. 부드러운 파스타면이 될 수도 있고 코르덴처럼 겉 표면이 울퉁불퉁해질 수도 있다. 가르가넬리가 펜네와 아주 흡사하지만 가르가넬리는 반죽에서 넓게 삐져나온 부분이 나머지 반죽에 붙어 있는 반면에 펜네는 완전한 실린더 형태이다. 가르가넬리는 오리고기를 넣은 라구와 함께 많이 먹으며 볼로냐 지방에서 많이 소비하는 파스타이다.

1   2   3

4   5   6   7

directions

1. 도구 준비하기

kitchen board, chef knife, ladle, tong, fry pan, large pot, spoon, pepper mill, measuring cup, measuring spoon, strainer, wooden spatula

2. 재료 준비하기

① 브로콜리는 먹기 좋게 한입 크기로 잘라 끓는 물에 데치고, 마늘은 편으로 썬다.

② 소시지도 한입 크기로 잘라놓는다.

③ 끓는 물 2L, 소금 20g에 가르가넬리를 7분간 삶아 올리브유에 코팅시킨다.

④ 팬에 빵가루, 허브촙, 올리브유를 넣고 노릇하게 볶아서 식힌다.

3. 조리하기

① 팬에 버터를 두르고 슬라이스한 마늘을 넣어 골드브라운 컬러가 나도록 구워준다.

② 1에 소시지와 브로콜리를 넣고 살짝 볶다가 우유와 육수를 넣어 걸쭉해질 때까지 약한 불에서 10분간 끓인다.

③ 2에 삶아놓은 가르가넬리를 넣고 중불 위에서 소스가 잘 섞이도록 저어준 후 소금, 후추로 간을 한다.

4. 완성하기

① 접시에 보기 좋게 담는다.

② 서브되기 직전에 파르메산 치즈를 갈아서 뿌려주고 허브 크럼블도 함께 뿌려낸다.

All about Pasta

chapter 11

Pasta based on preserved pork products

숙성 가공돼지고기 소스를 활용한 파스타

60. Carbonara penne
61. Curry-flavored pancetta with penne
62. Spaghetti all amatriciana
63. Chervil stracci with prosciutto and pea cream sauce
64. Spaghetti with pancetta, pomodori sauce

Carbonara penne
카르보나라 펜네

- **베이컨**bacon 50g
- **카르보나라 소스**carbonara sauce 150g
- **버터**butter 10g
- **펜네**penne 100g
- **소금&후추**salt&pepper to taste

Carbonara sauce
- **달걀 노른자**egg yolk 4ea
- **생크림**fresh cream 500ml
- **파르메산 치즈**parmigiano reggiano 50g
- **소금&후추**salt&pepper to taste

Tip 1. 카르보나라는 숯쟁이들이 흔하게 구할 수 있는 재료로 만들 수 있는데 다 보관이나 조리도 쉽고, 단백질, 지방, 탄수화물과 열량이 충분해서 고된 육체노동을 하는 숯쟁이들에게 적합한 파스타이다.

directions

1. 도구 준비하기
kitchen board, chef knife, ladle, tong, fry pan, large pot, spoon, pepper mill, measuring cup, measuring spoon, strainer, wooden spatula, grater

2. 재료 준비하기
① 베이컨은 슬라이스한다.
② 끓는 물 2L에 소금 20g을 넣고 삼색 펜네 파스타를 8분간 삶아 건진 후, 올리브오일에 코팅시킨다.

3. 조리하기
① 팬에 버터를 녹여 베이컨 슬라이스를 소테(색깔 내서 옆에 빼놓는다.)한 후, 1/3은 덜어 장식으로 사용한다.
② 삶은 penne를 넣어 볶으면서 후추를 많이 뿌려준다. 여기에 카르보나라 소스carbonara sauce를 첨가(약한 불에서)한다.
③ 신속히 볶아 달걀이 익기 전에 완성한다. (sauce가 약간 흥건하게 보이도록 한다.)

4. 완성하기
① 구운 베이컨과 파르메산 치즈를 그레이터로 갈아 뿌려서 마무리한다.

Curry-flavored pancetta with penne
카레향의 판체타 펜네

- 펜네penne 100g
- 샬롯shallot 20g
- 판체타pancetta(46p) 또는
  베이컨bacon 60g
- 올리브오일olive oil 30ml

- 커리파우더curry powder 15g
- 소금&후추salt&pepper to taste
- 파슬리parsley 10g
- 화이트 루white roux 20g
- 화이트 와인white wine 20ml

Tip 1. 이탈리아 사람들도 카레를 넣은 이국적인 맛의 요리를 즐겨 먹는다.
2. 파스타에 들어가는 판체타 대신 관찰레guanciale(돼지의 볼살)로 만들지만 한국에는 전혀 수입되지 않기 때문에 구하기 어렵다. 판체타 대신 베이컨으로 대체 사용가능하다.

1   2   3

4   5   6

directions

1. 도구 준비하기
kitchen board, chef knife, ladle, tong, fry pan, large pot, spoon, pepper mill, measuring cup, measuring spoon, strainer, wooden spatula

2. 재료 준비하기
① 팬에 밀가루 1T, 버터 or 올리브유 1T를 볶아서 화이트루를 만들어둔다.
② 샬롯은 가늘게 채 썰고, 파슬리는 chop하고, 판체타는 0.5cm 두께로 자른다.
③ 볼에 카레가루를 담고 화이트와인을 조금씩 넣어가며 잘 풀어준다.
④ 끓는 물 2L, 소금 20g을 넣고 펜네를 8분간 삶아 건져 올리브유에 코팅시킨다.

3. 조리하기
① 팬에 올리브유를 살짝 두르고 샬롯을 넣어 센 불에서 볶는다.
② 1번의 팬에 판체타를 넣어 2분간 노릇하게 익히되 샬롯이 타지 않도록 저어준다.
③ 2번에 풀어둔 카레가루를 넣고 조리듯 끓인다.
④ 3번에 화이트루와 소금, 후추 간을 한 다음 면수를 2T 정도 넣어 부드러운 크림상태가 되도록 한 후, 익힌 면을 넣고 나머지 올리브유와 chop한 파슬리를 넣어 잘 섞어준다.

4. 완성하기
① 접시에 예쁘게 담는다.

Spaghetti all amatriciana
스파게티 아마트리차나

- **스파게티**spaghetti 100g
- **올리브오일**olive oil 300ml
- **베이컨**bacon 60g
- **이탈리안 파슬리**Italian parsley 10g
- **양파**onion 40g

- **소금&후추**salt&pepper to taste
- **체리토마토**cherry tomatoes 130g
- **마늘**garlic options
- **페페론치노**peperoncino 5g

Tip
1. 로마인들에게 매우 사랑받는 요리로 원래는 로마가 위치한 라치오 주와 그 동쪽에 위치한 아브루초주의 경계에 있는 아마트리체라는 지방의 전통음식이었다.
2. 아마트리차나 소스는 관찰레라고 부르는 돼지목살로 만든 생햄과 토마토, 매운 고추를 이용해 만든다. 아마트리차나 소스는 구멍 뚫린 빨대 모양의 파스타인 부카티니와 가장 잘 어울린다.

directions

1. 도구 준비하기

kitchen board, chef knife, ladle, tong, fry pan, large pot, spoon, pepper mill, measuring cup, measuring spoon, strainer, wooden spatula

2. 재료 준비하기

① 양파, 베이컨, 이탈리안 파슬리는 가늘게 채 썬다.

② 체리토마토는 2등분한다.

③ 페페론치노는 촙을 한다.

④ 끓는 물 2L, 소금 20g을 넣고 스파게티면을 6분간 삶아 건져 오일에 코팅시킨다.

3. 조리하기

① 팬에 올리브유를 약간 두르고 양파, 슬라이스 마늘(options)을 먼저 볶아 향을 내고, 채 썬 베이컨을 넣어 볶는다.

② 1에 페페론치노를 넣어 맛을 우려내고 방울토마토를 넣어 약한 불에서 8분간 끓여 토마토의 신맛을 날려준다.

③ 2에 익힌 면을 넣고 올리브유, 채 썬 이탈리안 파슬리를 넣어 소금, 후추간을 맞추고 센 불에서 팬을 흔들어 잘 섞는다.

4. 완성하기

① 그릇에 보기 좋게 담고 바질잎으로 장식한다.

Chervil stracci with prosciutto and pea cream sauce
프로슈토와 완두콩 크림소스로 맛을 낸 처빌 스트라치

- **처빌 스트라치**chervil stracci 150g
- **버터**butter 20g
- **프로슈토 햄**prosciutto ham 60g
- **샬롯**shallot 20g
- **완두콩**peas 60g
- **소금&후추**salt&pepper to taste
- **생크림**fresh cream 100ml

Tip 1. 스트라치 파스타는 생면 파스타를 만들고 남은 반죽을 이용하여 만든 면으로 자투리면 파스타. 우리나라에서는 수제비 파스타라고 표현한다.
2. 응용면에서 면과 면 사이에 각종 줄기가 없는 허브나 잎을 넣고 같이 밀어 사용하면 모양과 풍미가 좋다.

directions

1. 도구 준비하기

kitchen board, chef knife, ladle, tong, fry pan, large pot, spoon,
pepper mill, measuring cup, measuring spoon, strainer, wooden spatula

2. 재료 준비하기

① 끓는 물에 완두콩을 넣고 3분간 익혀 얼음물에 식혀서 색을 보존하고 물기를 제거한다.

② 샬롯, 프로슈토는 슬라이스한다.

③ 끓는 물 2L, 소금 20g을 넣고 스트라치를 넣고 2분간 삶아 올리브오일에 코팅시킨다.

3. 조리하기

① 팬에 버터 1T를 녹이고 슬라이스한 샬롯을 투명한 golden brown 컬러가 되도록 볶는다.

② 1에 프로슈토를 넣어 센 불에서 몇 초간 맛이 들도록 볶는다.

③ 2에 익힌 완두콩, 생크림을 붓고 끓으면 약불에서 소스가 1/2로 줄어들 때까지 4분간 조린다.

④ 3에 익힌 면을 넣고 센 불에서 몇 초간 팬을 앞뒤로 흔들어 섞고 소금, 후추로 간을 한다.

⑤ 농도는 파스타 삶은 물로 조절한다.

4. 완성하기

① 접시에 예쁘게 담아준다. (크림이 너무 되직하지 않게 주의한다.)

Spaghetti with pancetta, pomodori sauce
판체타와 생토마토 소스 스파게티

- **스파게티**spaghetti 100g
- **소금&후추**salt&pepper to taste
- **올리브오일**olive oil 30ml
- **루콜라**rucola 20g
- **마늘**garlic 10g
- **토마토**tomato 120g
- **양파**onion 20g

- **닭 육수**chicken stock(176p, No.35) 60ml
- **판체타**pancetta(46p.) **or 베이컨**bacon 50g
- **파르메산 치즈**parmigiano reggiano 20g
- **노란 파프리카**yellow paprica 20g
- **바질** basil options
- **붉은 파프리카**red paprica 20g
- **케이퍼**caper 5g

Tip 1. 파프리카를 오븐에 살짝 구워서 사용하면 부드러운 맛을 낼 수 있다.
2. 토마토는 당도가 높을수록 좋고 루콜라는 숨이 죽지 않게 조리 마지막에 넣는다.
3. 판체타가 없을 경우 베이컨으로 대체 사용가능하다.

directions

1. 도구 준비하기
kitchen board, chef knife, ladle, fry pan, large pot, spoon, tong,
pepper mill, measuring cup, measuring spoon, mixing bowl, grater, strainer

2. 재료 준비하기
① 마늘, 양파, 파프리카, 판체타는 슬라이스한다.
② 토마토는 껍질을 제거하여 다이스하고 파르메산 치즈는 그레이터로 간다.
③ 끓는 물 2L, 소금 20g, 스파게티면을 8분간 삶아 올리브유에 코팅시킨다.

3. 조리하기
① 팬에 올리브유를 두르고 마늘이 타지 않게 약불에서 볶다가, 양파, 판체타를 넣고 볶아 오일에 맛이 배도록 한다.
② 파프리카와 케이퍼를 넣고 치킨스톡을 약간 넣어 볶다가 토마토와 삶은 스파게티를 나머지 육수와 함께 졸여준다
③ 2에 루콜라와 바질(options)을 마지막에 넣고 소금, 후추로 간을 하여 완성한다.

4. 완성하기
① 접시 중앙에 스파게티를 자연스럽게 담는다.
② 파르메산 치즈를 그레이터로 갈아서 뿌리고, 올리브오일을 살짝 둘러준다.

chapter 12

Seafood-based pasta
해산물을 활용한 파스타

Linguine with shelled clams in white wine sauce
화이트와인으로 익힌 조갯살과 린귀네 파스타

- **린귀네**linguine 100g
- **페페론치노**peperoncino 2g
- **모시조개**clam meat 40g
- **올리브오일**olive oil 50ml
- **조개육수**clams stock(180p, No.37) 50ml

- **처빌**chervil options
- **마늘**garlic 15g
- **소금&후추**salt&pepper to taste
- **파슬리**parsley 10g

directions

1. 도구 준비하기

kitchen board, chef knife, ladle, tong, fry pan, large pot, spoon, pepper mill, measuring cup, measuring spoon, strainer, wooden spatula

2. 재료 준비하기

① 마늘, 파슬리, 페페론치노는 촙을 한다.
② 끓는 물 2L, 소금 20g, 린귀네면을 8분간 삶아 올리브오일로 코팅시킨다.

3. 조리하기

① 팬에 올리브오일을 두르고 마늘, 페페론치노를 중불에서 볶는다.
② 1에 모시조개를 넣고 볶아 화이트와인으로 플람베한 뒤 조개국물을 넣어준다.

③ 2에 삶은 면을 넣고 조개육수를 넣어가며 농도가 맞으면 파슬리 촙, 올리브오일, 소금, 후추를 넣고 농도와 간을 맞춘다. (국물이 약간 남아 있도록 면을 볶을 때 잘 조절한다.)

4. 완성하기

① 접시에 담고 올리브오일을 살짝 둘러 처빌(options)로 장식하여 마무리한다.

Seafood spaghetti with tomato sauce
토마토 스스를 곁들인 해산물 스파게티

- **모시조개**clam 3ea
- **파슬리**parsley 5g
- **오징어**squid 3g
- **생바질**fresh basil 4 leaves
- **새우**shrimp 3ea
- **올리브오일**olive oil 20ml

- **관자**scallop 1ea
- **마늘**garlic 10g
- **방울토마토**cherry tomato 2ea
- **양파**onion 20g
- **백포도주**white wine 20ml
- **스파게티**spaghetti 100g

- **토마토 홀**hall tomato 300g
- **소금&후추**salt&pepper to taste
- **생선 육수**fish stock(182p, No.38) 40ml

directions

1. 도구 준비하기
kitchen board, chef knife, ladle, tong, fry pan, large pot, spoon, pepper mill, measuring cup, measuring spoon, strainer, wooden spatula

2. 재료 준비하기
① 파슬리, 양파, 마늘은 다진다.
② 해산물을 소금물에 씻어서 정선한다.
③ 끓는 물 2L, 소금 20g, 스파게티면을 8분간 삶아 올리브유에 코팅시킨다.

3. 조리하기
① 팬에 올리브오일+마늘촙+양파촙을 넣어 볶는다.

② 1에 으깬 토마토 홀을 넣고 끓여 조리다가 바질 슬라이스, 소금 간을 하여 토마토 소스를 만든다.
③ 다른 팬에 올리브오일 1T를 넣고 마늘, 양파촙을 넣고 타지 않게 볶다가 정선한 해산물을 넣어 소금, 후추 간을 하고 화이트와인으로 플람베해서 와인향을 날려준다.
④ 해산물 볶은 프라이팬에 토마토 소스를 넣고 스파게티면을 볶다가 파슬리 촙, 바질 슬라이스를 넣고 후추 간을 해서 마무리한다.

4. 완성하기와 보관하기
① 접시에 보기 좋게 담는다.

Spaghetti with abalone in white wine sauce
전복과 백포도주 소스로 맛을 낸 스파게티

- **스파게티**spaghetti 100g
- **전복(슬라이스)**abalone slice 1ea
- **마늘**garlic 10g
- **백포도주**white wine 30ml
- **파슬리**parsley 5g
- **토마토 콩카세**tomato concasser 30g
- **페페론치노**peperoncino 2g
- **올리브오일**olive oil 30ml
- **바질(슬라이스)**basil slice 10g
- **소금&후추**salt&pepper to taste

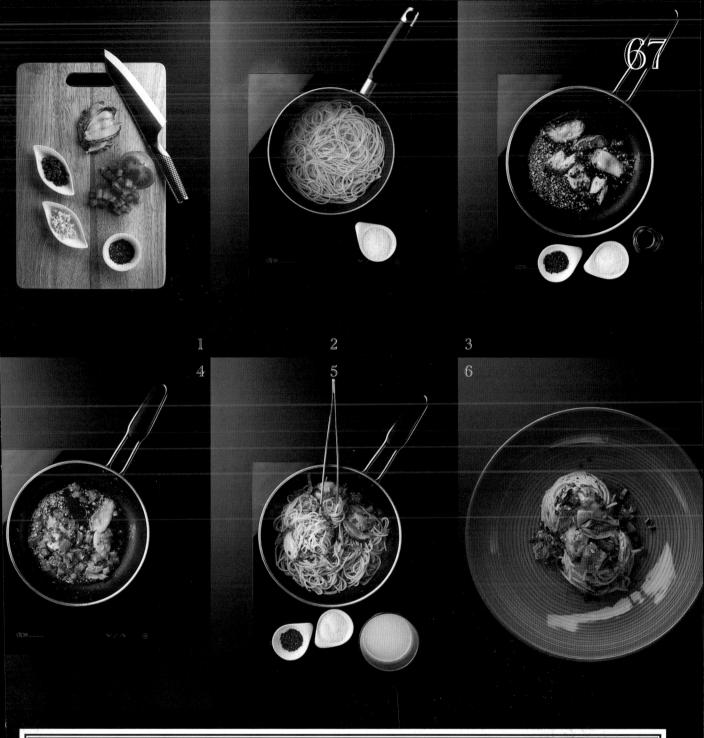

1   2   3

4   5   6

directions

1. 도구 준비하기
kitchen board, chef knife, ladle, tong, fry pan, large pot, spoon,
pepper mill, measuring cup, measuring spoon, strainer, wooden spatula

2. 재료 준비하기
① 토마토를 콩카세concasser한다.
② 마늘, 파슬리, 페페론치노는 다지고 전복, 바질은 슬라이스한다.
③ 끓는 물 2L, 소금 20g, 스파게티면을 7분간 삶아 올리브오일로 코팅시킨다.

3. 조리하기
① 팬에 오일과 마늘, 파슬리, 페페론치노를 넣고 20초간 saute한다.
② 전복 넣고 볶다가 화이트와인으로 플람베한다.
③ 2에 토마토 콩카세를 넣고 볶는다.
④ 삶은 면을 넣고 볶다가 면수로 농도를 조절한 뒤 올리브오일, 바질 슬라이스를 넣고 소금, 후추를 넣어 마무리한다.

4. 완성하기
① 접시에 보기 좋게 담고 올리브오일을 뿌려주고 바질 슬라이스를 얹어 마무리한다.

Fettucine with lobster in tomato sauce
바닷가재, 토마토 소스, 페투치네 파스타

- **페투치네**fettucine 100g
- **소금&후추**salt&pepper to taste
- **로브스터 꼬리**lobster tail 80g
- **토마토 소스**
  tomato sauce(192p, No.42) 100g

- **다진 양파**onion chop 20g
- **바질(슬라이스)**basil slice 10g
- **올리브오일**olive oil 20ml
- **페페론치노**peperoncino 2g
- **마늘**garlic 10g

- **백포도주**white wine 20ml
- **파슬리**parsley 5g
- **토마토 콩카세**tomato concasser 30g

directions

1. 도구 준비하기

kitchen board, chef knife, ladle, tong, fry pan, large pot, spoon, pepper mill, measuring cup, measuring spoon, strainer, wooden spatula

2. 재료 준비하기

① 양파, 마늘, 파슬리, 페페론치노는 다진다.
② 바질을 슬라이스한다.
③ 로브스터 꼬리는 정선하여 3등분한다.
④ 끓는 물 2L, 소금 20g, 페투치네면을 7분간 삶아 건져 올리브오일로 코팅시킨다.

3. 조리하기

① 팬에 올리브오일을 넣고 양파, 마늘, 파슬리, 페페론치노 촙을 넣고 향이 나게 타지 않게 볶는다.
② 1에 정선한 로브스터를 넣고 화이트와인을 넣고 flambe한다.
③ 2에 토마토 소스, tomato concasser를 넣고 끓이다가 삶은 면을 넣고 농도가 나면 바질 슬라이스, 면수를 넣고 농도를 조절하여 소금, 후추로 간을 맞춘다.

4. 완성하기

① 접시에 담고 파슬리 촙과 올리브오일을 뿌린다.

Oil sauce spaghetti with zucchini and tiger shrimp
새우, 호박을 곁들인 오일 소스 스파게티

- **스파게티**spaghetti 100g
- **백포도주**white wine 20ml
- **다진 마늘**garlic chop 10g
- **올리브오일**olive oil 40ml

- **페페론치노**peperoncino 3g
- **소금&후추**salt&pepper to taste
- **새우**shrimp 4ea(40g)
- **바질**basil 10g

- **돼지호박**zucchini 80g
- **파슬리**parsley 5g

1   2   3

4   5   6

directions

1. 도구 준비하기
kitchen board, chef knife, ladle, tong, fry pan, large pot, spoon,
pepper mill, measuring cup, measuring spoon, strainer, wooden spatula

2. 재료 준비하기
① 마늘, 페페론치노, 파슬리는 다진다.
② 돼지호박은 슬라이스한다.
③ 바질은 슬라이스한다.
④ 끓는 물 2L, 소금 20g, 스파게티면을 7분간 삶아 올리브오일로 코팅시
킨다.

3. 조리하기
① 팬에 오일을 넣고 마늘, 파슬리, 페페론치노 촙을 넣고 볶는다.
② 1에 새우를 넣고 볶다가 화이트와인으로 플람베한다.
③ 2에 돼지호박을 넣고 볶다가 삶은 면을 넣고 바질, 파슬리 촙을 넣고 면수
로 농도를 조절하며 소금, 후추 간을 하여 마무리한다.

4. 완성하기
① 접시에 담고 파슬리 촙과 올리브오일을 뿌려 완성한다.

Pink sauce vegetable spaghetti with grilled salmon
연어구이를 곁들인 핑크소스 채소 스파게티

- **스파게티**spaghetti 100g
- **생연어**fresh salmon 80g
- **토마토홀**tomato whole 100g
- **아스파라거스**asparagus 20g
- **올리브오일**olive oil 30ml
- **생크림**fresh cream 50ml

- **양파**onion 20g
- **방울토마토**cherry tomato 2ea
- **마늘**garlic 10g
- **소금&후추**salt&pepper to taste
- **파슬리**parsley 5g
- **애호박**squash 20g

- **아티초크**artichoke 2ea
- **새송이**pine mushroom 20g
- **가지**eggplant 20g
- **아기양배추**baby cabbage 3ea

1 2 3
4 5 6 7

directions

1. 도구 준비하기
kitchen board, chef knife, ladle, tong, fry pan, large pot, spoon, pepper mill, measuring cup, measuring spoon, strainer, wooden spatula

2. 재료 준비하기
① 마늘은 눌러 으깨고 양파, 파슬리는 촙을 한다.
② 방울토마토, 아기양배추, 아티초크는 1/2로 자르고 가지, 아스파라거스, 애호박은 슬라이스한다.
③ 끓는 물 2L, 소금 20g, 스파게티면을 8분간 삶아 올리브오일에 코팅시킨다.

3. 조리하기
① 팬에 올리브유를 두르고 마늘, 양파촙을 약불에서 익혀 향을 낸다.

② 1에 정선한 채소를 넣고 소금, 후추로 간을 하여 충분히 볶는다.
③ 2에 준비해 둔 토마토 홀을 넣고 볶다가 신맛이 날아가면 불을 끄고 소금, 후추로 간을 한다.
④ 연어는 소금, 후추 간을 한 뒤 팬에 올리브오일을 두르고 굽는다. 3에 토마토 소스에 삶은 면과 생크림을 넣고 촉촉하게 볶은 후 소금, 후추로 간을 하여 마무리한다.

4. 완성하기
① 접시에 가지런히 담는다.
② 구운 연어를 올리고 파슬리 촙을 뿌려 마무리한다.

Spicy tuna tomato oil spaghetti
매콤한 참치 토마토 오일 스파게티

- **스파게티**spaghetti 100g
- **참치캔**tuna can 50g
- **마늘**grlic 15g
- **새우**shrimp 2ea
- **오징어**squid 15g
- **관자**scallop 1ea

- **조개육수**clam stock(180p, No.37) 100ml
- **홍합**mussels 2ea
- **화이트와인**white wine 20ml
- **바질**basil 10g
- **방울토마토**cherry tomato 15ea
- **소금&후추**salt&pepper to taste

- **이탈리안 파슬리**Italian parsley 10g
- **올리브오일**olive oil 30ml
- **페페론치노**peperoncino to taste

Tip 1. 참치캔 오일이 많이 들어가면 파스타가 느끼해질 수 있으므로 살짝 짜서 사용한다.

directions

1. 도구 준비하기
kitchen board, chef knife, sheet pan, ladle, fry pan, large pot, spoon, tong, pepper mill, measuring cup, measuring spoon

2. 재료 준비하기
① 해산물을 정선한다.
② 방울토마토는 껍질 제거 후 4등분한다.
③ 파슬리는 촙을 하고 마늘과 페페론치노는 슬라이스한다.
④ 끓는 물 2L에 소금 20g을 넣고 스파게티면을 넣어 7분간 삶아 건져 올리브오일에 코팅시킨다.

3. 조리하기
① 팬에 올리브오일을 넉넉히 두르고 마늘, 페페론치노를 넣고 향이 나게 볶다가 정선한 해산물을 볶는다.
② 1의 팬에 화이트와인으로 플람베하고 소금, 후추로 간을 하여 참치와 정선한 토마토를 넣고 볶아준다.
③ 2의 팬에 조개육수를 넣고 끓인 다음 삶은 스타게티면을 넣고 볶는다.
④ 3의 팬에 소금, 후추로 간을 하여 파슬리, 바질을 넣고 오일과 조개육수로 농도를 조절하여 완성한다.

4. 완성하기
① 접시에 완성한 파스타를 담고 파슬리 촙을 뿌려 마무리한다.

Gamberoni casareccia pasta with basil cream sauce
바질크림 소스로 버무린 감베로니 카사레차 파스타

- **카사레차**casareccia 100g
- **타이거 새우**tiger shrimp 5ea
- **바질페스토**basil pesto(188p, No.40) 50g
- **백포도주**white wine 20ml
- **생크림**fresh cream 150ml

- **소금&후추**salt&pepper to taste
- **버터**butter 20g
- **올리브오일**olive oil 10ml
- **선 드라이 토마토**sun dried tomato 10g
- **다진 양파**chopped onion options

1

2

3

4

5

6

directions

1. 도구 준비하기

kitchen board, chef knife, ladle, tong, fry pan, large pot, spoon, pepper mill, measuring cup, measuring spoon, strainer, wooden spatula

2. 재료 준비하기

① 새우는 껍질 벗겨 내장을 빼고 버터플라이한 후 화이트와인 2Ts, 소금, 후 추로 마리네이드한다.

② 바질페스토는 미리 만들어서 준비해 둔다.

③ 끓는 물 2L, 소금 20g에 카사레차면을 7분간 삶아서 올리브유에 코팅시켜 놓는다.

3. 조리하기

① 팬에 버터를 두르고 양파촙(options)을 넣고 볶다가 마리네이드한 새우를 넣어 익혀준다. (이때 새우가 너무 over cook이 되지 않게 주의한다.)

② 1의 팬에서 새우를 건져놓고 크림을 넣어 약불에 졸여서 고소한 맛을 증 대시키고 농도는 면수로 맞춘다.

③ 2의 팬에 삶아 놓은 카사레차면과 새우, 바질 페스토, 선 드라이 토마토 슬라이스를 넣어 중불에서 빠르게 섞어주고 소금, 후추로 간을 한다.

4. 완성하기

① 접시에 면을 먼저 돌려 담고 새우를 주변에 예쁘게 담아준다.

Scallop spaghetti with basil pesto
바질페스토를 곁들인 관자 스파게티

- **스파게티** spaghetti 100g
- **잣** pine nut 10g
- **관자** scallop 3ea
- **대파** leek 10g
- **올리브오일** olive oil 20ml
- **아스파라거스** asparagus 10g

- **닭 육수** chicken stock(176p. No.35) 80ml
- **소금&후추** salt&pepper to taste
- **버터** butter 20g
- **토마토 콩카세** tomato concasser 20g
- **바질페스토** basil pesto(188p. No.40) 30g
- **파르메산 치즈** parmigiano reggiano 20g

Tip 1. 바질페스토를 넣고 너무 많이 볶으면 색도 어두워지고 오일과 바질이 분리되므로 마지막에 넣어 면과 살짝 넣고 마무리한다.

directions

1. 도구 준비하기
kitchen board, chef knife, sheet pan, ladle, fry pan, large pot, spoon, tong, pepper mill, measuring cup, measuring spoon

2. 재료 준비하기
① 관자는 2등분하여 올리브오일, 소금, 후추를 뿌려놓는다.
② 대파 슬라이스, 아스파라거스 쥘리엔, 토마토는 콩카세한다.
③ 잣은 팬에 약한 불로 브라운색이 나도록 구워준다.
④ 끓는 물 2L에 소금 20g을 넣고 스파게티면을 넣어 7분간 삶아 건져 올리브오일에 코팅시킨다.

3. 조리하기
① 팬에 올리브오일을 두르고 관자를 노릇하게 구워준다.
② 다른 팬에 올리브오일을 두르고 대파와 아스파라거스를 볶는다.
③ 2의 팬에 닭 육수, 버터, 바질페스토를 넣고 바로 삶은 스파게티면을 넣고 소금 간을 하여 볶는다.
④ 3의 팬에 토마토 콩카세와 파르메산 치즈를 넣고 닭 육수로 농도를 조절하여 완성한다.

4. 완성하기
① 접시에 완성한 파스타를 담고 구운 관자를 올리고 파르메산 치즈와 구운 잣을 뿌려 마무리한다.

Linguine with pacific saury and leek, spicy oil
꽁치와 대파, 매콤한 오일로 버무린 린귀네

- **린귀네**linguine 100g
- **대파 속대**leek white 20g
- **캔 꽁치**saury can 80g
- **화이트와인**white wine 20ml
- **올리브오일**olive oil 30ml
- **바질**basil 10g

- **조개육수**clam stock(180p. No.37) 80ml
- **소금&후추**salt&pepper to taste
- **마늘**garlic 20g
- **이탈리안 파슬리**italian parsley 10g
- **양파**onion 50g
- **페페론치노**peperoncino to taste

Tip 1. 이 파스타는 오일을 넣고 볶는 파스타로 조개육수를 한 번에 많이 넣으면 꽁치가 으깨지므로 조금씩 넣고, 대 파와 양파, 마늘을 잘 볶아야 꽁치의 비린 맛이 나지 않 는다.
2. 꽁치 말고 멸치, 고등어, 조기 등의 제철 생선을 사용하 면 더 깊은 맛의 파스타를 만들 수 있다.

1   2   3

4   5   6

directions

1. 도구 준비하기
kitchen board, chef knife, sheet pan, ladle, fry pan, large pot, spoon, tong, pepper mill, measuring cup, measuring spoon

2. 재료 준비하기
① 꽁치캔은 체에 밭쳐 기름을 뺀다.
② 대파 속대, 마늘, 바질은 슬라이스한다.
③ 양파, 페페론치노, 파슬리는 촙을 한다.
④ 끓는 물 2L에 소금 20g을 넣고 린귀네를 넣어 7분간 삶아 건져 올리브오일에 코팅시킨다.

3. 조리하기
① 팬에 올리브오일을 두르고 약한 불에서 양파촙을 갈색이 나도록 볶은 다음 꽁치를 넣고 화이트와인으로 플람베를 한다.
② 다른 팬에 올리브오일을 두르고 마늘 넣고 향이 나게 볶는다.
③ 2의 팬에 삶은 린귀네면과 대파를 넣고 볶다가 1번의 꽁치를 넣고 조개육수를 첨가하여 볶아준다.
④ 3의 팬에 소금, 후추로 간을 하고 페페론치노와 바질, 파슬리를 넣고 오일과 조개육수로 농도를 조절하여 완성한다.

4. 완성하기
① 접시에 완성한 파스타를 담고 꽁치가 위로 올라가게 해서 마무리한다.

Spicy tomato spaghetti with crab meat
게살을 넣은 매콤한 토마토 스파게티

- 스파게티spaghetti 100g
- 아스파라거스asparagus 20g
- 냉동 게살frozen crab 80g
- 화이트와인white wine 20ml
- 올리브오일olive oil 30ml
- 대파leek 10g

- 조개육수clam stock(180p, No.37) 80ml
- 토마토 소스tomato sauce(192p, No.42) 60ml
- 마늘garlic 10g
- 방울토마토cherry tomato 2ea
- 양파onion 20g
- 팽이버섯enoki mushroom 15g

- 이탈리안 파슬리Italian parsley 10g
- 페페론치노peperoncino to taste
- 소금&후추salt&pepper to taste
- 바질basil 15g

Tip 1. 로켓, 팽이버섯, 이탈리안 파슬리, 바질은 마지막에 넣어 향과 식감을 살려준다.

1 2 3

4 5 6

directions

1. 도구 준비하기
kitchen board, chef knife, sheet pan, ladle, fry pan, large pot, spoon, tong, pepper mill, measuring cup, measuring spoon

2. 재료 준비하기
① 냉동 게살을 정선한다.
② 방울토마토는 4등분하고 대파, 아스파라거스, 바질은 슬라이스한다.
③ 마늘, 양파, 페페론치노, 파슬리는 촙을 한다.
④ 끓는 물 2L에 소금 20g을 넣고 스파게티면을 넣어 7분간 삶아 건져 올리브오일에 코팅시킨다.

3. 조리하기
① 팬에 올리브오일을 넉넉히 두르고 마늘, 양파, 페페론치노 촙을 넣고 향이 나게 볶다가 대파, 아스파라거스를 넣고 볶는다.
② 1의 팬에 게살 반을 넣고 볶다가 화이트와인으로 플람베를 하고 소금, 후추로 간을 한다.
③ 2의 팬에 토마토 소스와 조개육수를 넣고 끓인 다음 삶은 스타게티면을 넣고 볶다가 남은 게살을 넣고 볶아준다.
④ 3의 팬에 소금, 후추로 간을 하고 로켓, 팽이버섯, 방울토마토, 바질, 파슬리를 넣고 오일과 조개육수로 농도를 조절하여 완성한다.

4. 완성하기
① 접시에 완성한 파스타를 담고 게살이 위로 올라가게 담고 파슬리 촙을 뿌려 마무리한다.

Assorted seafood oil spaghetti
모둠 해산물 오일 스파게티

- **스파게티**spaghetti 100g
- **오징어**squid 15g
- **마늘**garlic 10g
- **전복**abalone 30ml
- **올리브오일**olive oil 40ml
- **대하**king prawns 1ea

- **관자**scallop 1ea
- **조개육수**clam stock(180p, No.37) 100ml
- **화이트와인**white wine 20ml
- **모시조개**clam 3ea
- **방울토마토**cherry tomato 4ea
- **로브스터 꼬리**lobster tails 1/2ea

- **이탈리안 파슬리**Italian parsley 10g
- **로켓**rocket 20g
- **페페론치노**peperoncino to taste
- **소금&후추**salt&pepper to taste

Tip 1. 해산물을 팬에서 너무 오래 볶아 조리시간이 길어지면 해산물 자체의 고유의 맛이 약해지고 식감이 질겨진다.

1 2

4

3

5

directions

1. 도구 준비하기
kitchen board, chef knife, sheet pan, ladle, fry pan, large pot, spoon, tong, pepper mill, measuring cup, measuring spoon

2. 재료 준비하기
① 해산물 정선한다.
② 방울토마토는 4등분한다.
③ 마늘, 페페론치노, 파슬리는 촙을 한다.
④ 끓는 물 2L에 소금 20g을 넣고 스파게티면을 넣어 7분간 삶아 건져 올리브오일에 코팅시킨다.

3. 조리하기
① 팬에 올리브오일을 넉넉히 두르고 마늘, 페페론치노 촙을 넣고 향이 나게 볶다가 정선한 해산물을 볶는다.
② 1의 팬에 화이트와인으로 플람베를 하고 소금, 후추로 간을 한다.
③ 2의 팬에 조개육수를 넣고 끓인 다음 삶은 스타게티면을 넣고 볶는다.
④ 3의 팬에 소금, 후추로 간을 하고 방울토마토, 파슬리를 넣고 오일과 조개육수로 농도를 조절하여 완성한다.

4. 완성하기
① 접시에 완성한 파스타를 담고 로켓을 올려 마무리한다.

Rose sauce casareccia pasta with grilled salmon

구운 연어를 곁들인 로제소스 카사레차 파스타

- **카사레차**casareccia 100g
- **방울토마토**cherry tomato options
- **생연어**fresh salmon 80g
- **아스파라거스**asparagus options
- **토마토 소스**tomato sauce(192p, No.42) 150g
- **샬롯**shallot 20g

- **생크림**fresh cream 70ml
- **버터**butter 20g
- **보드카**vodka 10ml
- **이탈리안 파슬리**Italian parsley 10g
- **소금&후추**salt&pepper to taste
- **바질**basil options

Tip 1. 해산물은 크림소스와는 잘 어울리지 않는데 연어는
토마토 소스보다 크림소스와 궁합이 더 잘 맞는다.
2. 로제소스의 로제(rose)는 영어 로즈(rose)와 같은 뜻
의 장미, 장밋빛(핑크색)을 뜻한다. 토마토 소스 1: 크
림 2의 비율로 한다.

directions

1. 도구 준비하기

kitchen board, chef knife, ladle, tong, fry pan, large pot, spoon,
pepper mill, measuring cup, measuring spoon, strainer, wooden spatula

2. 재료 준비하기

① 연어는 사방 1cm의 큐브 모양으로 자른 후 소금, 후추로 마리네이드한다.
② 이탈리안 파슬리, 샬롯은 잘게 다진다.
③ 끓는 물 2L, 소금 20g에 카사레차면을 7분간 삶아 올리브유에 코팅시킨다.

3. 조리하기

① 팬에 버터를 녹이고 다진 샬롯, 이탈리안 파슬리 1/2, 아스파라거스 슬라
이스(options)를 넣어 약불에서 타지 않도록 볶는다.

② 1에 연어를 넣고 센 불에서 보드카를 붓고 플람베하여 크림을 붓고 약한
불에서 익힌 뒤 연어의 절반은 가니쉬로 사용한다.
③ 2에 토마토 소스를 부어 조리고 생크림, 방울토마토 웨지(options)를 넣고
소금, 후추로 간을 한다.
④ 3에 익힌 카사레차와 버터 1조각을 넣고 농도를 조절하여 불에서 내린다.

4. 완성하기

① 접시에 면과 연어가 조화롭도록 가니쉬하여 담는다.
② 남아 있는 이탈리안 파슬리, 바질 슬라이스(options)를 접시에 뿌려 마무리
한다.

chapter 13

Vegetable-based pasta
채소를 활용한 파스타

Conchiglie with green beans, potato, and rocket pesto
콩, 감자와 로켓페스토를 곁들인 콘킬리에

- **콘킬리에**conchiglie 100g
- **새송이버섯**pine mushroom 20g
- **감자**potato 50g
- **라디키오**radicchio 20g
- **냉동 줄기콩**frozen green beans 30g
- **소금&후추**salt&pepper to taste

- **올리브오일**olive oil 30ml
- **방울토마토**cherry tomato 2ea
- **로켓페스토**rocket pesto(188p. No.40) 50g
- **가지**eggplant 20g
- **파르메산 치즈**parmigiano reggiano 20g
- **노란 파프리카**yellow paprika 20g

Tip 1. Pasta가 너무 뜨거우면 손님 테이블에 음식이 나갔을 때 pesto sauce의 색이 금방 변하고, oil이 흘러나와 음식의 맛과 색이 떨어진다.
2. 이탈리아어로 바닷조개를 의미하는 단어인 conchiglia에서 유래하였다. 이탈리아 단어 conchiglie와 영어에서 소라류나 조개를 뜻하는 단어인 conch는 그리스어 konkhe에서 유래된 것으로 조개를 의미한다.

directions

1. 도구 준비하기
kitchen board, chef knife, ladle, tong, fry pan, large pot, spoon,
pepper mill, measuring cup, measuring spoon, grater strainer,
wooden spatula

2. 재료 준비하기
① 로켓페스토를 준비한다. (로켓페스토 만드는 법은 바질페스토와 동일하다.
　 바질 대신 로켓을 사용하면 된다.)
② 감자는 큐브로 썰고 다른 채소들은 한입 크기로 썬다.
③ 끓는 물 2L, 소금 20g, 콘킬리에면을 8분간 삶아 올리브유에 코팅시킨다.

3. 조리하기
① 감자는 오일을 두르고 갈색이 나도록 익힌다.
② 1에 가지, 새송이, 노란 파프리카, 줄기콩을 넣고 볶다가 소금, 후추로 간
　 을 한다.
③ 믹싱볼에 로켓페스토와 2번의 채소 및 삶은 면을 넣고 섞는다.
④ 3에 라디키오, 방울토마토를 넣고 소금 및 후추로 간을 해서 마무리한다.

4. 완성하기
① 파르메산 치즈를 peeler로 길게 썰어 맨 위에 garnish한다. 면 주위에 올리
　 브오일을 살짝 뿌려 완성한다.

Spaghetti with red onion, assorted mushroom
적양파로 맛을 낸 모둠버섯 스파게티

- **스파게티**spaghetti 100g
- **마늘**garlic 10g
- **적양파**red onion 60g
- **표고버섯**shiitake mushroom 20g
- **적포도주**red wine 40ml
- **포르치니버섯**porcini mushroom 20g
- **파르메산 치즈**parmigiano reggiano 20g

- **양송이버섯**button mushroom 20g
- **버터**butter 10g
- **새송이버섯**pine mushroom 20g
- **올리브오일**olive oil 20ml
- **칼라마타 올리브**kalamata olives 10g
- **소금&후추**salt&pepper to taste

Tip 1. 붉은 양파와 버섯, 레드와인의 조합은 간단하면서도 고급스러운 맛을 낸다.
2. 버섯의 경우 제철에 나오는 자연버섯을 이용하여 조리하면 더욱 깊은 맛을 낼 수 있다.

directions

1. 도구 준비하기
kitchen board, chef knife, ladle, tong, fry pan, large pot, spoon, pepper mill, measuring cup, measuring spoon, grater strainer, wooden spatula

2. 재료 준비하기
① 파르메산 치즈는 그레이터로 갈아놓는다.
② 마늘은 촙을 하고 적양파는 채 썬다.
③ 끓는 물 2L, 소금 20g, 스파게티면을 8분간 삶아 올리브유에 코팅시킨다.

3. 조리하기
① 냄비에 레드와인을 끓여 알코올을 날린다.

② 팬에 올리브유를 두르고 마늘촙, 채 썬 적양파를 1분 정도 볶다가 모둠버섯, 칼라마타 올리브를 넣고 약불에서 맛이 들도록 볶는다.
③ 2에 가니쉬용으로 조금 남겨두고 나머지는 조린 와인을 넣는다.
④ 3에 삶은 면을 넣고 버터를 넣어 농도가 되도록 저어주고 면수로 농도조절을 한 후, 소금, 후추로 간을 하고 면과 치즈가루를 넣어 센 불에서 살짝 섞는다.

4. 완성하기
① 접시에 보기 좋게 담고 가니쉬용 볶은 채소를 올리고 파르메산 치즈, 후추를 뿌려준다.
② 접시에 올리브오일을 살짝 뿌려준다.

Lasagnette with black truffle and garlic
트러플과 마늘을 곁들인 라사네테

- **라사네테** lasagnette 100g
- **샬롯** shallot 20g
- **검은 송로버섯** black truffle 10g
- **마늘(슬라이스)** garlic slice 20g
- **이탈리안 파슬리** Italian parsley 10g

- **올리브오일** olive oil 20ml
- **버터** butter 15g
- **흰 송로버섯오일** white truffle oil 20g
- **소금&후추** salt&pepper to taste

Tip 1. Truffle은 프랑스 최고의 버섯으로 Perigord 지역에서 가장 많이 생산되며, 주로 떡갈나무 등 낙엽수림 밑에서 발견된다.
2. 면발 사이즈에 따라 Angel Hair(에인절 헤어) 1.5mm, Tagliatelle(탈리아텔레) 2.0mm, Trenette(트레네테) 4.0mm, Fettuccine(페투치네) 6.5mm, Lasagnette(라사네테) 12mm로 구분된다.

1

2

3

4

5

6

directions

1. 도구 준비하기
kitchen board, chef knife, ladle, tong, fry pan, large pot, spoon, pepper mill, measuring cup, measuring spoon, grater, strainer, wooden spatula

2. 재료 준비하기
① 파슬리, 마늘, 검은 송로버섯은 다진다
② 끓는 물 2L, 소금 20g, 라사네테면을 2분간 삶아 올리브오일로 코팅시킨다.

3. 조리하기
① 팬에 올리브오일, 버터를 두르고 마늘을 골든 브라운 컬러로 볶는다.

② 라사네테면을 넣고 볶다가 면수로 농도를 조절한다.
③ 소금, 후추로 간을 하고 불을 끈 후, 파슬리 촙, 화이트 트러플오일로 버무린다.

4. 완성하기
① 접시에 둥글게 말아 담는다.
② 블랙트러플 슬라이스를 가니쉬로 올린다.

Sicilian galletti alla norma
시칠리아의 노르마 갈레티

- **갈레티**galletti 100g
- **올리브오일**olive oil 30ml
- **가지**eggplant 60g
- **소금&후추**salt&pepper to taste
- **체리토마토**cherry tomato 80g

- **마늘**garlic 5g
- **바질**fresh basil(188p, No.40) 10g
- **돼지호박**zucchini 30g
- **리코타 치즈**ricotta cheese 30g
- **노란 파프리카**yellow paprika 30g

Tip 1. 이탈리아 남부 시칠리아의 섬 사람들이 즐겨 먹었던 파스타이며 오페라 작품 "노르마"를 기리기 위해 만들어졌다. 신선한 토마토와 가지를 사용한다.

1 2

3

4

5

directions

1. 도구 준비하기
kitchen board, chef knife, ladle, tong, fry pan, large pot, spoon, pepper mill, measuring cup, measuring spoon, grater, strainer, wooden spatula

2. 재료 준비하기
① 가지, 돼지호박, 노란 파프리카는 큐브모양으로 썬다.
② 방울토마토는 4등분하고 마늘, 바질은 슬라이스한다.
③ 끓는 물 2L, 소금 20g, 길레티면을 8분간 삶아 올리브오일로 코팅시킨다.

3. 조리하기
① 팬에 올리브오일을 넉넉히 두르고 가지, 노란 파프리카, 돼지호박을 튀기듯

노릇하게 볶아 건져서 기름을 뺀다.
② 팬에 올리브오일을 약간 두르고 마늘을 넣어 노릇하게 볶는다.
③ 2번에 삶은 면을 넣고 소금, 후추로 간을 하고 올리브유, 바질 슬라이스, 방울토마토를 넣고 면수로 농도를 조절하여 센 불에서 살짝 볶아낸다.

4. 완성하기
① 접시에 보기 좋게 담는다.
② 리코타 치즈를 뿌리고 바질잎으로 장식한다.

Linguine primavera
린귀네 프리마베라

- **린귀네**linguine 100g
- **아스파라거스**asparagus 40g
- **대파**leek 20g
- **완두콩**pea 30ml
- **다진 파슬리**chopped parsley 10g
- **소금&후추**salt&pepper to taste

- **버터**butter 20g
- **올리브오일**olive oil 30ml
- **줄기콩**green bean 20g
- **돼지호박**zucchini 30g

Tip 1. 채소에서 수분기가 빠져나오지 못하도록 센 불에서 조리한다.
2. 'primavera'는 이탈리아어로 '봄'을 뜻한다. 파스타와 신선한 채소를 곁들여 만든 파스타요리로 여러 종류의 채소를 넣지만 보통 형체가 쉽게 부서지지 않는 아스파라거스, 완두콩, 호박, 줄기콩을 함께 곁들인다.

directions

1. 도구 준비하기
  kitchen board, chef knife, ladle, tong, fry pan, large pot, spoon,
  pepper mill, measuring cup, measuring spoon, grater, strainer,
  wooden spatula

2. 재료 준비하기
  ① 대파, 돼지호박, 아스파라거스, 줄기콩은 송송 썰고, 파슬리는 다진다.
  ② 끓는 물 2L, 소금 20g, 린귀네면을 8분간 삶아 올리브오일로 코팅시킨다.

3. 조리하기
  ① 팬에 버터를 두르고 대파 흰 부분과 완두콩을 넣고 대파의 향이 우러나도
    록 볶는다.

  ② 1에 아스파라거스, 돼지호박, 줄기콩을 넣고 순서대로 볶다가 소금, 후추
    로 간을 한다.
  ③ 2에 삶은 면을 넣고 면수와 오일로 농도를 조절하고 파슬리 촙을 넣어 마무
    리한다.

4. 완성하기
  ① 접시에 담고 올리브오일을 뿌려서 마무리한다.

All about Pasta

chapter 14

Meat-based pasta
고기를 활용한 파스타

Lumaconi rigati with osso buco
오소부코로 맛을 낸 루마코니 리가티

- **루마코니 리가티**lumaconi rigati 100g
- **생바질**fresh basil 10g
- **쇠고기 육수**beef stock(178p, No.36) 100ml
- **마늘**garlic 10g
- **오소부코**osso buco(113p.) 150g

- **파슬리**parsley 5g
- **소금&후추**salt&pepper to taste
- **레몬껍질**lemon zest 15g
- **올리브오일**olive oil 20ml

Tip 1. 오소부코의 오소(osso)는 '뼈'를, 부코(buco)는 '속이 빈(hollow)'을 의미한다. 따라서 오소부코(ossobuco)는 '속이 빈 뼈(hollow-bone)'로 해석된다. 오소부코에 사용되는 송아지 뒷다리 정강이 부위를 자르면 뼈 가운데로 '골수(bone marrow)'가 지나는 통로를 볼 수 있는데, 오소부코란 바로 이 부분을 표현한 말이다. 오소부코는 이탈리아 밀라노식 요리인데 원래는 소 정강이 살을 이용해 만들지만 한국에서는 구하기가 어려워 소꼬리로 많이 대체해서 만든다.

directions

1. 도구 준비하기
kitchen board, chef knife, ladle, tong, fry pan, large pot, spoon, pepper mill, measuring cup, measuring spoon, grater, strainer, wooden spatula

2. 재료 준비하기
① 파슬리는 다지고chop 마늘과 바질은 슬라이스slice, 간 레몬껍질zest을 준비한다.
② 미리 만든 오소부코에 비프스톡을 넣고 은근히 끓여 걸쭉한 소스로 만든다.
③ 끓는 물 2L, 소금 20g, 루마코니 리가티면을 7분간 삶아 올리브오일에 코팅시킨다.

3. 조리하기
① 팬에 올리브오일을 두르고 마늘 슬라이스를 브라운색으로 향이 나게 볶는다.
② 1에 준비한 오소부코 소스와 비프스톡을 넣고 졸이다가 삶은 면을 넣고 볶는다.
③ 2에 면수로 농도를 조절하여 소금, 후추 간을 하고 바질, 파슬리를 넣어 마무리한다.

4. 완성하기
① 접시에 담고 레몬 제스트와 파슬리 촙, 혹은 바질로 장식한다.
② 접시에 올리브오일을 둘러준다.

Zita tagliata with napoli ragu sauce
나폴리식 라구 소스와 치타 탈리아타

- **치타 탈리아타**zita tagliata 100g
- **올리브오일**olive oil 20g
- **마늘**garlic 10g
- **소 안심**beef tenderloin 80g

- **완숙 토마토**riped tomato 150g
- **소금&후추**salt&pepper to taste
- **파르메산 치즈**parmigiano reggiano 20g
- **생바질**fresh basil 10g

Tip 1. 나폴리식 라구는 큰 조각으로 썰어 만든 ragu genovese라고 한다. 선호도가 낮은 저렴한 고기를 사용하며, 덩어리 고기는 메인으로 사용되었다.
2. 고기가 천천히 익도록 조리하는 스튜형식이므로 최대한 육즙 손실을 막아야 한다.

directions

1. 도구 준비하기
kitchen board, chef knife, ladle, tong, fry pan, large pot, spoon, pepper mill, measuring cup, measuring spoon, grater, strainer, wooden spatula

2. 재료 준비하기
① 마늘은 거칠게 다지고 안심은 큐브cube모양으로 잘라놓는다.
② 토마토는 콩카세concasser한다.
③ 끓는 물 2L, 소금 20g, 치타 탈리아타면을 8분간 삶아 올리브유에 코팅시킨다.

3. 조리하기
① 팬에 오일을 두르고 마늘을 골드브라운 컬러로 볶는다.
② 자른 고기를 넣고 겉면을 재빨리 익힌 후 토마토 콩카세를 넣고 스튜처럼 약불에서 조리한다.
③ 완성된 소스에 바질은 슬라이스를 넣은 후 삶아 놓은 면을 넣고 볶으면서 소금, 후추로 간을 한다.

4. 완성하기
① 잘 볶은 면을 접시에 담고 파르메산 치즈를 갈아서 뿌린다.
② 올리브오일을 접시에 둘러주고 바질을 올려 장식한다.

Pappardelle with piemontese ragu sauce
피에몬테식 라구 소스의 파파르델레

- **파파르델레**pappardelle 120g
- **피에몬테식 라구 소스**
  piemontese ragu sauce(206p, No.49) 150g
- **이탈리안 파슬리**Italian parsley 10g

- **쇠고기 육수**beef stock(178p, No.36) 50ml
- **소금&후추**salt& pepper to taste
- **파르메산 치즈**parmigiano reggiano 20g
- **설탕**sugar to taste

Tip 1. 피에몬테식 라구 소스는 올리브유 대신 버터를 사용하며, 돼지고기로 만든 살시차(생소시지)를 넣는 것이 특징이다.
2. 피에몬테식 라구는 포르치니버섯을 사용하나, 표고버섯으로 대체 가능하며 약간의 설탕을 넣으면 맛이 부드러워진다.

1 2
3 4 5

directions

1. 도구 준비하기
kitchen board, chef knife, ladle, tong, fry pan, large pot, spoon,
pepper mill, measuring cup, measuring spoon, grater, strainer,
wooden spatula

2. 재료 준비하기
① 이탈리안 파슬리는 다지고 파르메산 치즈는 갈아놓는다.
② 끓는 물 2L, 소금 20g, 파파르델레면을 2분간 삶아 올리브유에 코팅시킨다.

3. 조리하기
① 팬에 피에몬테식 라구 소스와 쇠고기 육수를 넣고 끓인다.

② 1에 삶은 면을 넣고 볶다가 면수로 농도를 조절하고 소금, 후추 간을 해서
마무리한다.

4. 완성하기
① 마지막으로 접시에 담고 이탈리안 파슬리 촙과 파르메산 치즈를 갈아서
뿌려 마무리한다.

Rigatoni with bolognese ragu sauce
볼로냐식 라구 소스의 리가토니

- **리가토니**rigatoni 100g
- **올리브오일**olive oil 20ml
- **볼로냐식 라구 소스**
  bolognese ragu sauce(198p, No.45) 150g
- **파르메산 치즈**parmigiano reggiano 20g

- **바질**basil 10g
- **쇠고기 육수**beef stock(178p, No.36) 60ml
- **소금&후추**salt&pepper to taste
- **로즈메리 or 처빌**
  rosemary or chervil 2stem

Tip 1. 볼로냐 지역의 라구는 한국에 가장 잘 알려진 미트소스이며 미국을
       거쳐서 들어왔다.
2. 베이컨에 곱게 다진 몇 가지 채소와 다진 고기, 레드와인, 토마토를
   바탕으로 고기육수를 넣고 오랜 시간 끓여야 제맛이 난다.

1 2

3

4

5

directions

1. 도구 준비하기
kitchen board, chef knife, ladle, tong, fry pan, large pot, spoon, pepper mill, measuring cup, measuring spoon, grater, strainer, wooden spatula

2. 재료 준비하기
① 바질은 슬라이스하고 파르메산 치즈는 그레이터로 간다.
② 끓는 물 2L, 소금 20g, 리가토니면을 8분간 삶아 올리브오일로 코팅시킨다.

3. 조리하기
① 팬에 볼로냐식 라구 소스와 쇠고기 육수를 넣고 끓인다.

② 1번에 삶은 면을 넣고 볶다가 면수로 농도를 조절하고 소금, 후추 간을 해서 마무리한다.

4. 완성하기
① 마지막으로 접시에 담고 바질 슬라이스와 파르메산 치즈를 갈아서 뿌려준다.
② 장식용 처빌 or 로즈메리를 올려 마무리한다.

Casareccia with sausage and vegetables
소시지와 채소를 곁들인 카사레차

- **카사레차**casareccia 100g
- **파르메산 치즈**parmigiano reggiano 20g
- **소시지**sausage 80g
- **올리브오일**olive oil 20ml
- **라디키오**radicchio 15g
- **페페론치노**peperoncino to taste

- **치커리**chicory 15g
- **소금&후추**salt&pepper to taste
- **로켓**rocket 15g
- **선 드라이 토마토**sun dry tomato 20g
- **마늘**garlic 10g
- **닭 육수**chicken stock(176p, No.35) 100ml

- **양파**onion 20g
- **버터**butter 20g

Tip 1. 카사레차면의 쫀득쫀득한 식감은 쇼트 파스타로 쉽게 붇지 않아 오일 파스타와 샐러드 파스타에 많이 사용된다.

directions

1. 도구 준비하기
kitchen board, chef knife, sheet pan, ladle, fry pan, large pot, spoon, tong, pepper mill, cup, measuring spoon

2. 재료 준비하기
① 마늘, 양파, 페페론치노는 촙을 한다.
② 닭 육수는 미리 끓여서 준비해 놓는다.
③ 소시지는 한입 크기, 채소는 정선하여 자른다.
④ 끓는 물 2L에 소금 20g을 넣고 카사레차면을 넣고 7분간 삶아 건져 올리브오일에 코팅시킨다.

3. 조리하기
① 팬에 오일을 두르고 마늘, 양파, 페페론치노 촙을 넣고 볶아 향을 낸다.
② 1의 팬에 정선한 소시지를 넣고 브라운 컬러를 내어 볶아준다.
③ 2의 팬에 닭고기 육수를 넣고 버터와 파르메산 치즈를 넣어 녹인다.
④ 3의 팬에 카사레차를 넣고 소금, 후추 간을 하여 볶다가 로켓, 치커리, 라디키오, 선 드라이 토마토를 넣고 센 불에 볶아서 마무리한다.

4. 완성하기
① 접시에 완성한 파스타를 담고 파르메산 치즈를 뿌려 마무리한다.

All about Pasta

chapter 15

Tomato-based pasta

토마토를 활용한 파스타

88. Tomato sauce spaghetti with vegetables and chicken breast
89. Pomodoro spaghetti
90. Tricolor penne served with tomato, basil, & mozzarella cheese
91. Linguine with chorizo meat and tomato sauce

Tomato sauce spaghetti with vegetables and chicken breast
채소와 닭가슴살구이를 곁들인 토마토 소스 스파게티

- **스파게티**spaghetti 100g
- **소금&후추**salt&pepper to taste
- **닭가슴살**chicken breast 80g
- **바질**basil options
- **토마토 소스**tomato sauce(192p, No.42) 150g

- **올리브오일**olive oil 20ml
- **대파(흰 부분)**leek(white) 10g
- **마늘**garlic 10g
- **아스파라거스**asparagus 10g
- **페페론치노**peperocino 3g

- **노란 파프리카**yellow paprica 20g
- **파슬리**parsley 5g

directions

1. 도구 준비하기
kitchen board, chef knife, ladle, tong, fry pan, large pot, spoon, pepper mill, measuring cup, measuring spoon, grater, strainer

2. 재료 준비하기
① 마늘, 파슬리, 페페론치노는 촙을 한다.
② 채소는 모두 슬라이스한다.
③ 끓는 물 2L, 소금 20g, 스파게티면을 8분간 삶아 올리브유에 코팅시킨다.

3. 조리하기
① 닭가슴살은 페페론치노, 파슬리 촙, 소금, 후추로 간을 하여 팬에 오일을 둘러 색을 내서 굽고 180℃로 예열된 오븐에 6분간 굽는다.

② 팬에 오일을 넣고 마늘, 파슬리, 페페론치노 촙을 넣어 볶는다.
③ 2에 슬라이스한 대파, 아스파라거스, 노란 파프리카를 넣고 볶다가 소금, 후추로 간을 한다.
④ 3에 토마토 소스를 넣고 끓이다가 삶은 면을 넣고 볶다가 면수로 농도를 조절하고 바질 슬라이스(options), 소금, 후추로 간을 해서 마무리한다.

4. 완성하기
① 마지막으로 접시에 담고 구운 닭가슴살을 슬라이스해서 올리고 파슬리 촙을 뿌려 담아낸다.

Pomodoro spaghetti
포모도로 스파게티

- **스파게티**|spaghetti 100g
- **생바질**|fresh basil 10g
- **토마토 홀(으깬 것)**canned tomatoes 150g
- **이탈리안 파슬리**|Italian parsley 10g
- **올리브오일**olive oil 30ml

- **파르메산 치즈**parmigiano reggiano 20g
- **양파**onion 20g
- **소금&후추**salt&pepper to taste
- **마늘**garlic 15g

Tip 1. 재료를 볶아 소스가 완성된 후에 바질잎을 넣어야 바질이 뭉그러지지 않고 향이 살아 있다.
2. 소스의 농도는 면이 들어가기 전까지 묽어야 하며 면이 소스의 수분을 흡수하면 면수를 조금씩 넣어 촉촉한 상태를 유지해 준다.

1
2
3
4
5
6

directions

1. 도구 준비하기
kitchen board, chef knife, ladle, tong, fry pan, large pot, spoon, pepper mill, measuring cup, measuring spoon, grater, strainer

2. 재료 준비하기
① 마늘은 눌러 으깨놓고 양파, 이탈리안 파슬리는 촙을 한다.
② 끓는 물 2L, 소금 20g, 스파게티면을 8분간 삶아 올리브오일에 코팅시킨다.

3. 조리하기
① 팬에 올리브유를 두르고 마늘을 약불에서 익혀 향을 낸다.
② 1의 마늘을 꺼낸 후 양파촙을 약불에서 충분히 볶는다.

③ 준비해 둔 토마토 홀 으깬 것을 넣고 볶다가 신맛이 날아가면 불을 끄고 소금, 후추로 간을 한 뒤 바질잎을 넣어 향을 뺀 뒤 바질잎은 건져낸다.
④ 3에 토마토 소스에 삶은 면과 올리브오일을 넣고 촉촉하게 볶아 이탈리안 파슬리 촙, 소금, 후추 간을 해서 마무리한다.

4. 완성하기
① 접시에 보기 좋게 담는다.
② 파르메산 치즈를 갈아 뿌려준 후 바질잎을 위에 올린다.

Tricolor penne served with tomato, basil, & mozzarella cheese
토마토, 바질, 모차렐라 치즈를 곁들인 삼색 펜네

- **삼색 펜네**tricolor penne 100g
- **모차렐라 치즈**mozzarella cheese 30g
- **토마토 콩카세**tomato concasser 60g
- **소금&후추**salt&pepper to taste

- **바질 슬라이스**basil slice 10g
- **파르메산 치즈**parmigiano reggiano 20g
- **올리브오일**olive oil 30ml

Tip 1. 파스타를 오래 saute하면 tomato가 물러지고 basil 색이 변하므로 주의한다.

directions

1. 도구 준비하기
kitchen board, chef knife, ladle, fry pan, large pot, spoon,
pepper mill, measuring cup, measuring spoon, mixing bowl, grater, strainer

2. 재료 준비하기
① 토마토 콩카세, 모차렐라 치즈 다이스, 바질은 슬라이스한다.
② 파르메산 치즈는 그레이터로 간다.
③ 끓는 물 2L, 소금 20g, 삼색 펜네면을 7분간 삶아 올리브유에 코팅시킨다.

3. 조리하기
① 팬에 올리브오일을 두르고 토마토 콩카세를 넣어 볶는다.
② 1에 바질 슬라이스를 넣은 뒤 소금, 후추로 간을 한다.
③ 2에 삶은 면을 넣고 오일과 면수로 농도를 조절하고 소금, 후추로 간을 하여 빠르게 볶아서 마무리한다.

4. 완성하기
① 완성된 삼색 펜네를 접시에 담고 바질, 모차렐라 치즈 다이스, 파르메산 치즈를 뿌려준다.
② 올리브오일을 접시에 살짝 둘러 마무리한다.

Linguine with chorizo meat and tomato sauce
초리소 볼과 토마토 소스로 맛을 낸 린귀네

- 린귀네linguine 100g
- 셀러리celery 20g
- 초리소chorizo 30g
- 당근carrot 15g
- 간 쇠고기minced beef 80g
- 마늘garlic 10g
- 루콜라rucola 20g
- 페페론치노peperoncino 2g

- 체리토마토cherry tomato 20g
- 소금&후추salt&pepper to taste
- 토마토 소스tomato sauce(192p, No.42) 100ml
- 올리브오일olive oil 30ml
- 붉은 파프리카red paprica 20g
- 양파onion 20g
- 양송이button mushroom 20g

Tip 1. 초리소가 없을 경우 프로슈토 햄(prociutto ham)으로 대체 가능하다.

directions

1. 도구 준비하기

kitchen board, chef knife, ladle, fry pan, large pot, spoon, tong, pepper mill, measuring cup, measuring spoon, oven, mixing bowl, grater, strainer

2. 재료 준비하기

① 다진 양파, 당근, 셀러리를 팬에 볶아 펼쳐서 식힌다. 초리소는 곱게 다져 놓는다.

② 간 쇠고기와 1을 넣고 올리브오일 약간과 소금, 후추 간을 살짝 해서 초리 소 볼을 만든다.

③ 끓는 물 2L, 소금 20g, 린귀네면을 8분간 삶아 올리브유에 코팅시킨다.

3. 조리하기

① 팬에 올리브오일을 약간 두르고 마늘, 페페론치노 촙을 넣고 약한 불에서 볶는다.

② 1에 4등분한 방울토마토와 슬라이스한 양송이, 파프리카를 saute한 후 토 마토 소스를 넣어준다.

③ 초리소 볼을 팬에 살짝 겉면만 굴려서 익히고 160℃의 예열된 오븐에서 8분간 익혀준다.

④ 조리된 소스에 구운 초리소 볼과 삶은 면을 같이 넣고 볶다가 면수로 농도 를 조절한 뒤 소금, 후추 간을 한다.

4. 완성하기

① 접시에 린귀네면을 둥글게 말아 담고, 초리소 볼을 곁들인다.

② 그 위에 루콜라로 장식하고 접시에 올리브오일을 살짝만 뿌려 마무리한다.

All about Pasta

chapter 16

Salad pasta
샐러드 파스타

Perilla pesto with pumpkin fusilli salad
깻잎 페스토 단호박 푸실리 샐러드

- 푸실리fusilli 80g
- 깻잎 페스토perilla pesto(188p. No.40) 60g
- 단호박sweet pumpkin 60g
- 노란 파프리카yellow paprika 20g
- 올리브오일olive oil 20ml
- 가지eggplant 20g
- 선 드라이 토마토sun dry tomato 30g

- 애호박squash 20g
- 페타 치즈feta cheese 50g
- 아티초크artichoke 20g
- 바질basil 10g
- 그린올리브green olive 10g
- 블랙올리브black olive 20g
- 잣pine nut 10g

- 소금&후추salt&pepper to taste
- 파르메산 치즈parmigiano reggiano 20g

Tip 1. 깻잎 페스토 만드는 방법은 바질페스토와 동일하다. 바질 대신 깻잎을 사용하면 된다.
2. 퓌레는 갈거나 누르거나 비틀어 체에 걸러 가벼운 페이스트나 진한 액체 정도의 농도로 만든 것으로 익혀서 사용하며, 페스토는 가열조리하지 않은 소스로 으깨거나 프로세서에 넣고 곱게 으깨서 사용한다.

1

2

3

4

5

6

directions

1. 도구 준비하기
kitchen board, chef knife, ladle, fry pan, large pot, spoon, tong, pepper mill, measuring cup, measuring spoon, mixing bowl, grater

2. 재료 준비하기
① 채소 정선하기-노란 파프리카, 단호박, 아티초크, 페타 치즈는 큐브cube로 자른다.
② 올리브, 선 드라이 토마토는 슬라이스하고 깻잎 페스토를 만들어 놓는다.
③ 끓는 물 2L, 소금 20g, 푸실리면을 8분간 삶아 올리브유에 코팅시킨다.

3. 조리하기
① 팬에 오일을 둘러 단호박을 브라운 컬러로 먼저 굽고 나머지 채소는 소금, 후추 간을 하여 센 불에 빠르게 볶는다.
② 볼에 깻잎 페스토를 덜어놓고 삶은 푸실리와 먼저 버무린다.
③ 단호박, 선 드라이 토마토, 페타 치즈, 슬라이스 바질을 넣고 남은 페스토와 함께 골고루 버무려 소금, 후추로 간을 한다.

4. 완성하기
① 접시에 가지런히 담는다.
② 바질, 올리브, 페타 치즈를 위에 올린다.
③ 그레이터로 파르메산 치즈를 갈아 뿌려준다.

Sicilian orecchiette salad with trapanese pesto

트라파네세 페스토를 곁들인 시칠리안식 오레키에테 샐러드

trapanese pesto 80g
- 생바질fresh basil 30g
- 호두 or 잣walnut or pine nut 20g
- 홍고추fresh red chili pepper 12ea
- 토마토tomato 2ea
- 마늘garlic 2ea
- 이탈리안 파슬리Italian parsley 10g

- 올리브오일olive oil 50g
- 파르메산 치즈
  parmigiano reggiano 20g
- 엔초비anchovy 1ea

- 오레키에테orecchiette 80g
- 소금&후추salt&pepper to taste

Tip
1. 트라파네세 소스는 블렌더에 바질과 파르메산 치즈를 뺀 나머지 재료를 먼저 갈고 마지막에 두 재료를 넣고 갈아주면 맛과 향이 산다.
2. 이탈리아는 지역마다 고유의 파스타 소스가 있는데, 이 트라파니 지역은 보통 바질과 잣, 마늘과 올리브오일을 사용한 일반적인 페스토와는 달리 호두를 사용한 것이 특징이고, 향긋한 바질의 향과 고소한 호두가 조화를 이룬 맛있는 파스타이다.

1   2   3

4   5   6

directions

1. 도구 준비하기
kitchen board, chef knife, ladle, fry pan, large pot, spoon, strainer, pepper mill, measuring cup, measuring spoon, mixing bowl, grater

2. 재료 준비하기
① 견과류는 달궈진 팬에 구워 식혀서 다진다. 토마토는 끓는 물에 살짝 데쳐 콩카세한다.
② 트라파네세 페스토를 만들어 준비한다.
③ 끓는 물 2L, 소금 20g, 오레키에테면을 7분간 삶아 올리브오일로 코팅시킨다.

3. 조리하기
① 볼에 페스토와 삶은 면을 넣어 앞뒤로 섞되 불에는 올리지 않는다.
② 소스와 면을 섞을 때 한번 더 올리브유와 파르메산 치즈를 넣어 맛을낸다.

4. 완성하기
① 접시에 예쁘게 담고 바질, 홍고추 슬라이스, 구운 호두, 이탈리안 파슬리 촙, 파르메산 치즈를 뿌려 마무리한다.

Rotelle salad with yogurt sauce & avocado
요거트소스 & 아보카도 로텔레 샐러드

yogurt sauce & avocado
- 다진 마늘chopped garlic 10g
- 다진 양파chopped onion 30g
- 아보카도 다이스diced avocado 1/2ea
- 백포도주white wine 20ml
- 플레인 요거트plain yogurt 60ml
- 케이퍼caper 10g

- 할라페뇨jalapino 20g
- 셀러리celery 30g
- 이탈리안 파슬리
  Italian parsley 10g

- 로텔레rotelle 80g
- 소금&후추salt&pepper to taste
- 레몬주스lemon juice 15ml
- 올리브오일olive oil 20g
- 체리토마토cherry tomato 3ea

Tip 1. 잘 익은 아보카도를 고르는 방법은 껍질의 색깔을 보는 것이다. 껍질의 색이 약간 검게 변해 진한 녹색을 띠는 것을 고르는 게 좋다. 아보카도 색이 검고 살짝 눌렀을 때 약간 들어가는 느낌이면 잘 익은 것이다. 덜 익은 아보카도는 쌀 속에 넣어 실온에 2~3일간 보관하면 된다. 알루미늄 쿠킹호일이나 갈색 종이에 싸서 실온에 보관하면 더 빨리 익는다.

94

1 2

3

4

5

directions

1. 도구 준비하기
kitchen board, chef knife, ladle, fry pan, large pot, spoon, strainer, pepper mill, measuring cup, measuring spoon, mixing bowl

2. 재료 준비하기
① 채소 정선-셀러리, 슬라이스, 할라피노, 체리토마토 1/2, 이탈리안 파슬리, 양파, 마늘은 촙을 한다.
② 아보카도는 dice로 잘라 레몬즙을 뿌려 갈변을 방지하고, 케이퍼는 물에 헹궈 염분기를 뺀다.
③ 끓는 물 2L, 소금 20g, 로텔레면을 7분간 삶아 올리브유에 코팅시킨다.

3. 조리하기
① 팬을 중불로 달궈 오일을 살짝 두르고 다진 양파, 마늘을 노릇하게 볶아 화이트와인을 붓고 뭉근히 끓여 알코올을 날려서 식힌다.
② 큰 볼에 1의 내용물을 넣고 요거트, 올리브오일, 체리토마토, 케이퍼, 할라피노, 셀러리, 아보카도를 넣어 버무리다가 소금, 후추로 간을 한다.

4. 완성하기
① 접시에 예쁘게 담고 이탈리안 파슬리 촙을 뿌려 장식한다.

Neapolitan tuna galletti salad
나폴리식 참치 갈레티 샐러드

- **갈레티**galletti 80g
- **통조림 참치**canned tuna 50g
- **선 드라이 토마토**sun dry tomatoes 20g
- **올리브오일**olive oil 40ml
- **소금&후추**salt&pepper to taste
- **어린잎**baby leaves 20g

- **강낭콩**kidney bean 20g
- **그린올리브**green olive 10g
- **파르메산 치즈**parmigiano reggiano 20g
- **블랙올리브**black olive 15g
- **이탈리안 파슬리**Italian parsley 10g

Tip 1. 샐러드를 버무릴 때 통조림 참치에 간이 배어 있으므로 소금으로 간을 할 때 너무 짜지 않도록 주의해야 한다.

1 2

3 4 5

directions

1. 도구 준비하기
kitchen board, chef knife, ladle, fry pan, large pot, spoon, tong, pepper mill, measuring cup, measuring spoon, mixing bowl, grater

2. 재료 준비하기
① 선 드라이 토마토는 슬라이스한다.
② 참치통조림은 기름을 뺀다.
③ 끓는 물 2L, 소금 20g, 갈레티면을 7분간 삶아 올리브유에 코팅시킨다.

3. 조리하기
① 이탈리안 파슬리, 케이퍼, 블랙올리브, 그린올리브를 거칠게 다져 볼에 담는다.

② 1에 기름을 뺀 참치, 선 드라이 토마토, 올리브, 강낭콩, 케이퍼, 올리브오일을 넣고 버무린다.
③ 2에 삶아 놓은 파스타면을 넣고 이탈리안 파슬리 촙, 소금, 후추 간을 하여 버무린다.

4. 완성하기
① 접시에 예쁘게 담아주고 이탈리안 파슬리 촙, 파르메산 치즈를 뿌려 마무리한다.

Paccheri salad with grilled vegetables
그릴채소를 곁들인 파케리 샐러드

- **파케리**paccheri 80g
- **바질페스토**basil pesto(188p. No.40) 50g
- **호박**zucchini 80g
- **소금&후추**salt&pepper to taste
- **가지**eggplant 80g
- **선 드라이 토마토**sun dry tomato 20g

- **올리브오일**olive oil 30ml
- **그린올리브**green olive 10g
- **파르메산 치즈**parmigiano reggiano 20g
- **아스파라거스**asparagus 40g
- **이탈리안 파슬리**Italian parsley 10g

Tip 1. 파케리는 큰 튜브 파스타로 가운데 큰 구멍이 있고 대략 직경 1인치이다. Paccheri 길이는 1½~1¾인치이다.

1   2   3

4   5   6   7

directions

1. 도구 준비하기

kitchen board, chef knife, ladle, sheet pan, fry pan, stock pot, spoon, tong, pepper mill, measuring cup, measuring spoon, oven, mixing bowl, cooking brush, filler, foil paper, grater

2. 재료 준비하기

① sheet pan에 종이호일을 깔고 가지와 호박은 필러로 얇게 0.3mm 길이를 살려서 벗긴 후 한쪽 면에 바질페스토를 발라서 160℃에서 5분간 익혀 꺼내놓는다.

② 아스파라거스는 살짝 데쳐서 팬에 오일을 두르고 볶는다.

③ 끓는 물 2L, 소금 20g, 파케리면을 7분간 삶아 올리브유에 코팅시킨다.

3. 조리하기

① 예열된 오븐에 가지와 호박이 담긴 시트팬을 넣어 160℃에서 5분간 익혀 꺼내서 식힌다.

② 삶아 놓은 파케리면의 속에 가지-호박-선 드라이 토마토-아스파라거스를 말아 채워준다.

③ 속을 채운 파케리면의 겉면에 바질페스토를 brush해 준다.

4. 완성하기

① 접시에 보기 좋게 담고 파르메산 치즈를 뿌려준다.

Stracci salad with walnut pesto and assorted mushrooms
호두 페스토와 모둠버섯으로 맛을 낸 스트라치 샐러드

- **스트라치**stracci 120g
- **검은 송로오일**truffle oil 3ml
- **호두**walnuts 20g
- **소금&후추**salt&pepper to taste
- **마늘**garlic 10g
- **포르치니버섯**porcini mushroom 20g

- **파르메산 치즈**parmigiano reggiano 30g
- **표고버섯**shiitake mushroom 30g
- **올리브오일**olive oil 30ml
- **양송이버섯**button mushroom 30g
- **만가닥 버섯**beech mushroom 20g

Tip 1. 에너지를 보충해 주는 건강 파스타이다.
2. 호두 페스토는 밤으로 만든 뇨키와도 잘 어울린다.
3. 스트라치면을 만들 때 구운 호두를 곱게 촙해서 섞으면 고소한 맛을 느낄 수 있다.

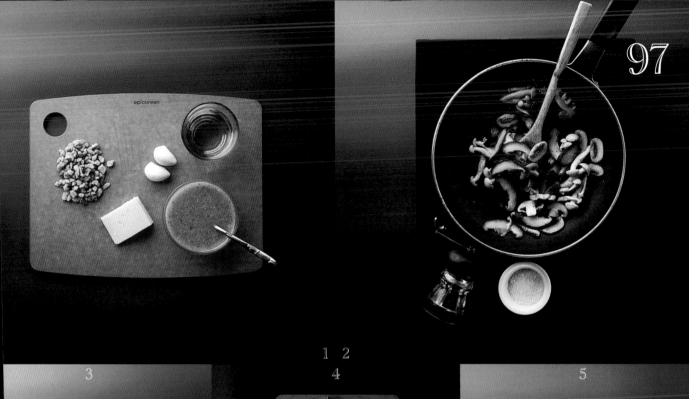

1 2

3

4

5

directions

1. 도구 준비하기

kitchen board, chef knife, ladle, fry pan, stock pot, spoon, tong, pepper mill, measuring cup, measuring spoon, oven, mixing bowl, hand blender, grater

2. 재료 준비하기

① 호두는 180℃의 오븐에서 뒤집어가며, 6분간 고르게 구워서 빼내어 식힌다.

② 호두 페스토 만들기- 구운 호두, 마늘, 파르메산 치즈, 올리브유를 핸드 블렌더에 넣고 아주 부드러운 소스가 되도록 갈아준다.

③ 버섯은 작게 잘라 팬에 오일을 두르고 센 불에서 소금, 후추 간을 한 뒤 살짝 볶아 식힌다.

④ 끓는 물 2L, 소금 20g, 스트라치면을 2분간 삶아 올리브오일로 코팅시킨다.

3. 조리하기

① 익힌 스트라치를 볼에 넣고 호두 페스토, 볶은 버섯을 넣고 소금, 후추로 간을 해서 버무린다.

③ 2의 내용물을 불에 올리지 않은 상태에서 트러플오일을 넣고 흔들어가며 잘 섞는다.

4. 완성하기

① 접시에 버섯을 위로 올려 보기 좋게 담는다.

② 그레이터로 파르메산 치즈를 갈아 뿌려준다.

All about Pasta

chapter 17

Baked pasta
오븐에 구운 파스타

Lasagne "Toscana" style
토스카나 스타일의 라사냐

- 라사냐lasagne 80g
- 체리토마토cherry tomato 4ea
- 볼로냐식 라구 소스bolognese ragu sauce(198p. No.45) 100g
- 모차렐라 치즈mozzarella cheese 50g
- 믹스 그릴채소mix grilled vegetables
  (호박zucchini, 가지eggplant, 양파onion) 90g
- 생바질fresh basil 10g
- 베샤멜 소스bechamel sauce(208p. No.50) 60ml
- 소금&후추Salt&pepper to taste
- 파르메산 치즈parmigiano reggiano 30g
- 버터butter 20g
- 이탈리안 파슬리Italian parsley 10g

Tip 1. 토스카나의 요리는 단순한 즉석요리를 기본으로 하지만, 이것이 조리가 간편하다는 뜻은 아니다. 예를 들면 스테이크는 쟁기를 끌던 소로, 거대한 밤나무로 가열하고 올바른 순서로 적정량의 소금·후추와 올리브유를 첨가해야 플로렌스 스테이크가 되며 그 단순성이 주재료의 맛을 빛나게 한다.

1   2   3

4   5   6

directions

1. 도구 준비하기
kitchen board, chef knife, lasagna pan, fry pan, stock pot, spoon, pepper mill, measuring cup, measuring spoon, oven, grater, wooden spatula

2. 재료 준비하기
① 호박, 가지, 양파는 슬라이스하여 팬에 오일을 둘러 익힌다.
② 바질 슬라이스, 체리토마토 1/2, 파르메산 치즈, 모차렐라 치즈는 다이스 한다.
③ 끓는 물 2L, 소금 20g, 라사냐면을 5분간 삶아 올리브유에 코팅시킨다.

3. 조리하기
① 라사냐 용기에 버터를 바른 후, 베샤멜 소스를 올리고 그 위에 라사냐를 올린다.
② 1번의 위에 볼로네세 소스-구운 채소-베샤멜 소스-파르메산 치즈- 라사 냐- 베샤멜 소스 순으로 올린다.
③ 2번의 체리토마토 베샤멜 소스, 모차렐라 치즈, 파르메산 치즈를 뿌려 180℃로 예열된 oven에서 10분간 노릇하게 굽는다.

4. 완성하기
① 오븐에서 꺼낸 후 바질페스토, 바질잎으로 장식한다.

Lasagna with bolognese ragu sauce, sausage, and mushroom
볼로냐식 라구 소스와 소시지, 버섯을 넣은 라사냐

- **볼로냐식 라구 소스**bolognese ragu sauce(198p. No.45) 100ml
- **소금&후추**salt&pepper to taste
- **표고버섯**shiitake mushroom 40g
- **냉동 모차렐라 치즈**frozen mozzarella cheese 50g
- **양파(슬라이스)**onion slice 20g
- **파슬리**parsley 10g

- **소시지**sausage 60g
- **베샤멜 소스**bechamel sauce(208p. No.50) 50ml
- **체리토마토**cherry tomato 4ea
- **올리브오일**olive oil 20ml
- **라사냐**lasagna 80g
- **버터**butter 10g

Tip 1. 이탈리아의 로마 지역에서는 ragu(meat sauce)
를 이용한 라자냐(라사냐)를 즐겨 먹는다.

1

2

3

4

5

6

directions

1. 도구 준비하기
kitchen board, chef knife, lasagna pan, fry pan, stock pot, spoon, pepper mill, measuring cup, measuring spoon, oven, grater, wooden spatula

2. 재료 준비하기
① 양파와 표고버섯, 체리토마토는 얇게 슬라이스slice하고 소시지는 두툼하게 사선으로 슬라이스slice한다.
② 파슬리 촙을 한다.
③ 끓는 물 2L, 소금 20g, 라사냐면을 5분간 삶아 올리브유에 코팅시킨다.

3. 조리하기
① 팬에 올리브오일을 두르고 양파, 표고버섯, 소시지를 넣고 saute한 다음

꺼내 놓는다.
② 그라탱 용기에 버터-베샤멜 소스를 먼저 펴 바르고 라사냐-베샤멜 소스-1번의 재료-라구 소스-라사냐 순서로 2층까지 쌓아준다.
③ 2번의 맨 마지막 라사냐 윗면에 베샤멜 소스를 얇게 펴바르고 모차렐라 치즈와 뿌려 180℃로 예열된 오븐에 넣고 10분간 노릇해지도록 구워서 꺼낸다.

4. 완성하기
① 오븐에서 꺼낸 라사냐를 적당히 잘라서 접시에 예쁘게 담는다.
② 라사냐 윗면에 바질잎을 올려 마무리한다.

Rotelli gratin with ricotta, spinach, and oysters
리코타와 시금치, 굴로 맛을 낸 로텔리 그라탱

- **로텔리**rotelli 100g
- **올리브오일**olive oil 20ml
- **리코타 치즈**ricotta cheese 100g
- **빨간 파프리카**red paprika 20g
- **마늘**garlic 10g
- **소금&후추**salt&pepper to taste

- **베샤멜 소스**bechamel sauce(208p, No.50) 50ml
- **굴**oyster 50g
- **모차렐라 치즈**mozzarella cheese 40g
- **양파**onion 20g
- **파르메산 치즈**parmigiano reggiano 20g

Tip 1. 그라탱(gratin)은 생선이나 고기 표면에 빵가루, 버터, 치즈 등을 뿌려 겉이 갈색이 될 때까지 오븐으로 굽는 방법이다. 그러나 대부분의 경우 그라탱 접시에 버터를 두르고 재료를 담아 베샤멜 소스를 올리고 가루 치즈를 뿌려 오븐에서 굽는다.

1   2   3

4   5   6   7

directions

1. 도구 준비하기
kitchen board, chef knife, lasagna pan, fry pan, stock pot, spoon, pepper mill, measuring cup, measuring spoon, oven, grater, wooden spatula

2. 재료 준비하기
① 시금치는 끓는 물에 소금을 넣고 데친 다음 찬물에 식혀서 물기를 빼준다.
② 마늘, 양파는 촙을 하고 빨간 파프리카는 슬라이스한다.
③ 굴은 정선하여 흐르는 물에 세척 후 살짝 데친다.
④ 끓는 물 2L, 소금 20g, 로텔리면을 7분간 삶아 올리브유에 코팅시킨다.

3. 조리하기
① 팬에 버터를 살짝 두르고 마늘, 양파를 넣고 향을 낸 후 데친 시금치를 넣어 볶아서 식힌다.
② 빨간 파프리카는 팬에 오일을 두르고 소테한다.
③ 라사냐 볼에 버터를 바르고 베샤멜 소스-파르메산 치즈-로텔리-시금치-굴-리코타 치즈-베샤멜 소스-파르메산 치즈-빨간 파프리카- 모차렐라 치즈 순으로 덮어주고 180℃의 오븐에서 10분간 노릇하게 굽는다.

4. 완성하기
① 노릇하게 구워진 로텔리를 오븐에서 꺼낸다.
② 접시에 적당한 개수를 가지런히 담아낸다.
③ 바질페스토를 뿌려준다.(options)

Lasagne roll stuffed with sweet pumpkin
단호박 퓌레로 속을 채운 라사냐 롤

- **라사냐**lasagne 100g
- **빵가루**bread crumble 20g
- **단호박**sweet pumpkin 120g
- **파르메산 치즈**parmigiano reggiano 30g
- **브로콜리**broccoli 60g

- **소금&후추**salt&pepper to taste
- **버터**butter 20g
- **꿀**honey 30ml

Tip 1. 달콤한 단호박, 꿀, 빵가루를 이용하여 만들었기 때문에 식사
대용 및 디저트로도 활용 가능하며 구하기 쉬운 재료들로 간
단하게 만들 수 있는 영양이 풍부한 파스타이다.

1　2　3

4　5　6　7

directions

1. 도구 준비하기

kitchen board, chef knife, lasagna pan, fry pan, stock pot, spoon, pepper mill, measuring cup, measuring spoon, oven, lab, food processor, roll cutter, grater, wooden spatula

2. 재료 준비하기

① 단호박은 껍질과 씨를 발라서 찐 다음 꿀, 빵가루, 소금, 후추를 넣어 믹서기에 갈아서 퓌레puree를 만든다.

② 브로콜리는 정선하여 소금물에 살짝 데쳐 식힌다.

③ 끓는 물 2L, 소금 20g, 라사냐면을 5분간 삶아 올리브유에 코팅 후 라사냐는 도우 커터로 알맞게 잘라 놓는다.

3. 조리하기

① 잘라 놓은 라사냐에 단호박 퓌레를 주걱으로 고르게 바르고 브로콜리를 올린 후 랩으로 감싸 말아서 모양을 잡는다.

② 1에 모양 잡힌 라사냐를 알맞게 잘라서 랩을 벗긴 후 오븐용기에 버터를 바르고 모양을 살려서 담는다.

③ 2의 내용물에 그레이터grater로 파르메산 치즈를 갈아 뿌려준 후 180℃로 예열된 오븐에 넣고 노릇하게 10분간 굽는다.

4. 완성하기

① 노릇하게 구워진 라사냐를 꺼내서 접시에 보기 좋게 담는다.

② 꿀을 살짝 뿌려 마무리한다.

Seafood lasagna with vegetable and tomato sauce
토마토 소스와 채소를 곁들인 해산물 라사냐

- **생크림**fresh cream 40ml
- **올리브오일**olive oil 20ml
- **가지**eggplant 70g
- **새우**shrimp 3ea
- **호박**zucchini 90g
- **오징어**squid 40g

- **모차렐라 치즈**mozzarella cheese 50g
- **홍합**mussel 30g
- **토마토 소스**tomato sauce(192p, No.42) 80ml
- **파슬리**parsley 5g
- **파르메산 치즈**parmigiano reggiano 30g
- **바질**basil 10g

- **달걀**egg 2ea
- **소금&후추**salt&pepper to taste

Tip 1. 라사냐면 대신 채소로 만든 건강
식 채소 오븐 파스타이다.

102

1

2

3

4

5

6

directions

1. 도구 준비하기
kitchen board, chef knife, sheet pan, ladle, fry pan, stock pot, spoon, pepper mill, measuring cup, measuring spoon, oven, kitchen towel, lasagna pan

2. 재료 준비하기
① 가지, 호박은 0.5cm 두께로 썰어 소금을 뿌려둔다.
② 토마토 소스를 미리 준비한다. (없을 경우 시판용도 사용가능하다.)
③ 해산물은 다이스하여 팬에 오일을 두르고 생크림을 넣고 소금, 후추 간을 하여 조려준다.

3. 조리하기
① 팬에 올리브유를 살짝만 두르고 잘라놓은 가지, 호박에 달걀물을 바른 후 노릇하게 구워서 키친타월에 깔아 기름을 뺀다.
② 라사냐 용기에 올리브유를 바르고brush 가지, 호박-파르메산 치즈-토마토 소스-가지, 호박-파르메산 치즈-해산물-토마토 소스-가지, 호박-모차렐라 치즈 순서로 탑을 쌓는다.
③ 마지막으로 파르메산 치즈를 뿌려 180℃로 예열된 오븐에서 10분 정도 노릇하게 구워낸다.

4. 완성하기
① 접시에 보기 좋게 담는다.
② 다진 파슬리와 바질잎으로 장식하여 마무리한다.

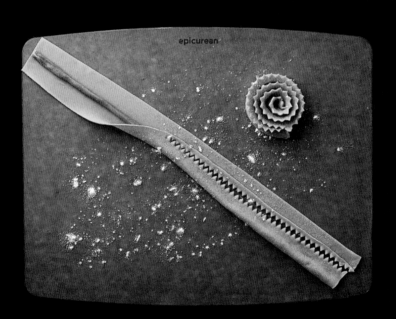

All about Pasta

chapter 18

Making filled pasta
속을 채운 파스타

Homemade ravioli filled beef and mushroom cream sauce
소고기를 채운 라비올리와 버섯크림소스

파스타 도우pasta dough
- **새프런 파스타 도우**
  saffron pasta dough(140p, No.10) 100g

속재료stuffing
- **마늘**garlic 5g
- **셀러리**celery 20g
- **다진 소고기**minced beef 80g
- **대파**leek 20g
- **파르마 햄**parma ham 20g
- **리코타 치즈**ricotta cheese 40g
- **백포도주**white wine 90ml
- **양파**onion 20g

소스sauce
- **버터**butter 5g
- **양송이버섯**button mushroom 6ea
- **쇠고기 육수**Beef stock(178p, No.36) 50ml
- **타임**Thyme 1stem
- **생크림**fresh cream 80ml
- **양파**onion 30g
- **파르메산 치즈**parmigiano reggiano 30g
- **소금&후추**salt&pepper to taste

Tip 1. 라비올리ravioli는 가장 일반적인 모양의 파스타이며 세계적으로 가장 많이 알려진 이름이기도 하다. 그래서 소 채운 파스타를 흔히 라비올리라고 부른다.

1 2

3

4

5

directions

1. 도구 준비하기
kitchen board, chef knife, ladle, fry pan, stock pot, spoon, pepper mill, measuring cup, measuring spoon, mixing bowl, grater, pastry bag, wooden spatula, wave roll cutter

2. 재료 준비하기
① 양파, 마늘, 셀러리, 대파, 파르마 햄은 곱게 다진다.
② 1에 다진 재료들과 민스트비프를 팬에 버터를 두르고 볶아서 소금, 후추로 간하여 식힌다.
③ 2에 식힌 재료들과 리코타 치즈를 섞어 속재료를 완성하여 짤주머니에 담는다.

④ 새프런 파스타 도우는 얇게 펴서 몰드를 이용하여 동그랗게 찍어 놓는다.
⑤ 몰드로 찍은 도우에 만들어 놓은 속재료를 작고 둥글게 짜서 넣어준 후 도우 한 장을 다시 위에 덮고 원형 틀로 찍어서 라비올리를 만든다.

3. 조리하기
① 팬에 버터를 두르고 양파와 슬라이스한 양송이를 볶다가 화이트와인으로 플람베flambe하여 생크림, 타임, 쇠고기 육수를 넣고 1/2로 졸인다. 그 후 소금, 후추로 간을 한다.
② 끓는 물 1L에 소금 10g을 넣고 라비올리를 5분간 익혀서 건져낸다.
③ 라비올리는 소스에 넣어 버무린다.

4. 완성하기
① 접시에 버섯크림소스를 붓고 라비올리를 올린다.
② 그레이터로 파르메산 치즈를 갈아 뿌려준다.

Fagottini butter sauce with potatoes and beet stuffed
감자와 비트로 속을 채운 버터소스 파고티니

파스타 도우pasta dough
- **단호박 파스타 도우**
  pumpkin pasta dough(139p, No.9) 100g

속재료stuffing
- **익힌 비트**cooked beet 50g
- **삶은 감자**boiled potatoes 150g
- **버터**butter 20g
- **달걀**egg 1ea
- **소금&후추**salt&pepper to taste
- **양파**onion 30g
- **파르메산 치즈**
  parmigiano reggiano 20g

소스sauce
- **버터**butter 80g
- **세이지**sage 5g
- **소금&후추**salt&pepper to taste
- **파르메산 치즈**
  parmigiano reggiano 20g

Tip 1. 파고티니Fagottini는 얇고 넓은 손수건이란 뜻의 파스타이다.
2. 다양하고 풍부한 속재료를 채운 파스타에는 본래의 맛을 제대로 느끼기 위해 강한 소스 대신 버터나 오일을 녹여 좋아하는 향초들로 향을 낸 소스를 뿌려 먹는 것이 일반적이다.

directions

1. 도구 준비하기

kitchen board, chef knife, ladle, fry pan, stock pot, spoon, pepper mill, measuring cup, measuring spoon, mixing bowl, grater, pastry bag, wooden spatula, wave roll cutter

2. 재료 준비하기

① 파스타 도우는 얇게 펴서 도우커터로 얇은 정사각형으로 재단해 놓는다.

② 감자와 비트는 삶거나 쪄서 부드러운 상태로 준비한다.

③ 양파는 곱게 다진다.

3. 조리하기

① 팬에 버터를 두르고 양파로 향을 낸 뒤 비트를 넣고 볶아준 다음 꺼내서

볼에 담아 식힌다.

② 1번의 볼에 쪄놓은 감자, 달걀, 소금, 후추를 넣고 간을 한 후 짤주머니에 채워준다.

③ 재단한 면에 2번의 짤주머니로 속재료를 둥글게 짜서 잘 접어 파고티니로 만든다.

④ 끓는 물 2L에 소금 20g을 넣고 3번의 파고티니를 넣고 3분 정도 삶아 건져낸다.

4. 완성하기

① 팬에 버터와 세이지 슬라이스를 녹여 버터소스를 만든다.

② 1번의 팬에 삶은 파고티니를 버무려 소금, 후추로 간을 해서 완성한다.

③ 접시에 보기 좋게 담고 파르메산 치즈를 뿌려준다.

Filled sachettoni in ricotta and olives
리코타와 올리브로 속을 채운 사케토니

파스타 도우pasta dough
- 시금치 파스타 도우
  spinach pasta dough(137p, No.7) 100g

속재료stuffing
- **리코타 치즈**ricotta cheese 100g
- **블랙올리브**black olive 30g
- **올리브오일**olive oil 10ml
- **소금&후추**salt&pepper to taste

소스sauce
- **토마토 소스**tomato sauce(192p, No.42) 80ml
- **차이브**chive 5stem
- **파르메산 치즈**parmigiano reggiano 30g

Tip 1. 파고티니tagottini는 '작은 보따리'라는 의미를 가지고 있는 소 채운 파스타로 채소나 고기류와 리코타 치즈를 넣어 만든다.

1 2
3 4

directions

1. 도구 준비하기

kitchen board, chef knife, ladle, fry pan, stock pot, spoon, pepper mill, measuring cup, measuring spoon, mixing bowl, grater, pastry bag, wooden spatula, wave roll cutter

2. 재료 준비하기

① 시금치 파스타 도우는 얇고 넓게 편 뒤 커터로 6cm의 정사각형으로 재단한다.

② 블랙올리브는 다져서chopped 볼에 담고 리코타 치즈, 올리브유, 소금, 후추로 간을 해서 속재료를 완성한다.

3. 조리하기

① 만들어 놓은 속재료를 짤주머니에 담아서 도우의 중앙에 작고 둥글게 채워준다.

② 1번의 면을 한가운데로 모아 모양을 만들고 가운데를 차이브chive로 묶어 사케토니를 만든다.

③ 끓는 물 2L에 소금 20g을 넣고 2번의 사케토니를 3분간 삶아 건져낸다.

4. 완성하기

① 접시에 토마토 소스를 붓고 삶은 사케토니를 놓는다.

② 차이브로 장식하고 올리브유를 살짝 둘러준다.

③ 파르메산 치즈를 그레이터grater로 갈아 뿌려준다.

Salmon tortelli with walnut cream sauce
호두크림소스를 곁들인 연어 토르텔리

파스타 도우pasta dough
- **바질 파스타 도우**
  basil pasta dough(134p. No.4)
  100g

속재료stuffing
- **훈제연어**smoked salmon 80g
- **소금&후추**salt&pepper to taste
- **리코타 치즈**ricotta cheese 50g
- **케이퍼**caper 3g
- **딜**dill 20g

소스sauce
- **양파**onion 20g
- **마늘**garlic 10g
- **버터**butter 20g
- **호두**walnut 30g
- **생크림**fresh cream 80ml
- **육두구**nutmeg to taste
- **파르메산 치즈**parmigiano reggiano 20g

Tip 1. 토르텔리는 1200년 후반에 에밀리아 지역에서 등
장한 파스타이며, 오븐에 구워낸 케이크를 뜻하는
토르타torta라는 말에서 유래되었다. 원래 삶아먹는
요리가 아니고 주로 기름에 튀겨 먹는 요리로 파스
타로 취급하지 않았다.
2. 토르텔리는 각 지역, 만드는 사람에 따라 모양이
다르다.

1　　2　　3

4　　5　　6

directions

1. 도구 준비하기

kitchen board, chef knife, ladle, fry pan, stock pot, spoon, pepper mill, measuring cup, measuring spoon, mixing bowl, grater, pastry bag, wooden spatula, wave roll cutter

2. 재료 준비하기

① 파스타 도우는 얇게 펴서 도우커터로 얇고 긴 직사각형으로 재단해 놓는다.

② 연어는 가로, 세로 0.5cm의 정사각형 모양으로 자른dice 후 리코타 치즈, 케이퍼 촙, 딜 촙을 넣고 소금, 후추를 섞어서 속재료를 만들어 놓는다.

③ 재단해 놓은 파스타 도우에 준비한 속재료를 작은 원형으로 둥글게 올려주고 그 위에 파스타 도우 한 장을 다시 올려 도우 커터로 가로, 세로 5cm의 정사각형으로 잘라 토르텔리 모양을 만든다.

3. 조리하기

① 팬에 버터를 두른 후 양파, 마늘 촙을 넣고 향이 나게 볶다가 호두 촙을 넣고 볶아준다.

② 2번의 팬에 생크림과 너트메그를 넣고 소금, 후추로 간을 한 뒤 소스를 졸여준다.

③ 끓는 물 2L에 소금 20g을 넣고 3의 토르텔리를 넣고 3분간 삶아 건져낸다.

4. 완성하기

① 만들어 놓은 크림소스에 삶은 토르텔리를 버무려 소금, 후추로 간을 하여 완성한다.

② 버무린 토르텔리를 접시에 담고 그레이터로 파르메산 치즈를 갈아 뿌려준다.

Shrimp tortellini with cherry tomato sauce

새우 토르텔리니와 체리토마토 소스

파스타 도우pasta dough
- **먹물 파스타 도우**
  squid ink pasta dough(135p, No,5)
  100g

속재료stuffing
- **새우**shrimp 6ea
- **마늘**garlic 10g
- **양파**onion 20g
- **빵가루**bread crumble 20g
- **크림치즈**cream cheese 30g
- **달걀**egg 1ea
- **소금&후추**salt&pepper to taste

소스sauce
- **방울토마토**cherry tomato 100g
- **바질**basil 10g
- **올리브오일**olive oil 20ml
- **마늘**garlic 5g
- **양파**onion 20g
- **파슬리**parsley 5g

Tip 1. 가장 기본적이면서 이탈리아의 어느 가정집에서든 흔하게 맛볼 수 있는 요리로 전통적으로 내려오는 토르텔리니의 속재료는 모르타델라 햄과 돼지고기, 프로슈토와 파르메산 치즈, 딜과 너트메그이다. 토르텔리보다 작은 크기로 볼로냐 지역의 대표적인 파스타이다.

1   2   3

4   5   6

directions

1. 도구 준비하기

kitchen board, chef knife, ladle, fry pan, stock pot, spoon, pepper mill, measuring cup, measuring spoon, Mixing bowl, grater, pastry bag, wooden spatula, wave roll cutter

2. 재료 준비하기

① 새우는 정선하여 다지고, 양파, 마늘, 파슬리는 촙을 한다.
② 방울토마토는 1/4등분하여 자르고 바질은 슬라이스한다.
③ 파스타 도우는 얇게 펴서 도우커터로 가로, 세로 5cm의 정사각형으로 재단해 놓는다.
④ 팬에 오일을 두르고 양파, 마늘 촙을 넣고 향이 나게 볶다가 다진 새우를 넣고 익

혀 식힌 다음 크림치즈, 달걀을 넣고 소금, 후추로 간을 하여 속재료를 만든다.
⑤ 재단해 놓은 도우에 1의 재료를 넣어 반으로 접고(이때 소 주변의 공기를 빼면서 밀착시킨다.) 모양이 둥글게 되도록 다른 부분을 붙여서 토르텔리니|Tortellini 모양으로 만든다.

3. 조리하기

① 끓는 물 2L에 소금 20g을 넣고 3의 토르텔리니를 넣고 3분간 삶아 건져낸다.
② 다른 팬에 오일을 두르고 양파, 마늘 촙을 넣고 향이 나게 볶다가 체리토마토와 면수를 넣고 소금, 후추 간을 하여 약한 불에서 익혀 토마토 소스를 만든다.
③ 4번의 팬에 삶은 토르텔리니와 바질 슬라이스를 넣고 볶아준다.

4. 완성하기

① 버무린 토르텔리니를 접시에 담고 바질을 뿌려 완성한다.

All about Pasta

chapter 19

Gnocchi
뇨키

Gratined saffron gnocchi with green olive and tomato sauce
그린올리브, 토마토 소스를 곁들여 오븐에 구운 새프런 뇨키

- **새프런 뇨키**saffron gnocchi(172p. No.33) 180g
- **모차렐라 치즈**mozzallera cheese 50g
- **토마토 콩카세**tomato concasser 40g
- **토마토 소스**tomato sauce(192p. No.42) 100g
- **파르메산 치즈**parmigiano reggiano to taste

- **베샤멜 소스**beschamel sauce(208p. No.50) 20g
- **바질**basil 10g
- **소금&후추**salt&pepper to taste

Tip 1. 그린 올리브와 토마토 소스가 어우러진 기본적인 뇨키이다.

1 2

3 4 5

directions

1. 도구 준비하기
Gnocchi board, kitchen board, chef knife, ladle, fry pan, stock pot, spoon, pepper mill, measuring cup, measuring spoon, wooden spatula, oven, gratin pan, grater

2. 재료 준비하기
① 반죽을 뇨키판에 찍어서 모양을 만들고 끓는 물에 데쳐서 물기를 뺀 다음 오일에 코팅시킨다.
② 바질, 그린올리브는 슬라이스slice한다.

3. 조리하기
① 그라탱 용기에 토마토 소스와 베샤멜 소스를 넣고 토마토 콩카세, 바질 슬라이스, 소금, 후추를 넣고 졸여준다.
② 1에 그린올리브 슬라이스와 뇨키를 넣고 버무린다.
③ 2에 모차렐라 치즈, 파르메산 치즈를 뿌려 예열된 오븐에서 10분간 노릇하게 구워낸다.

4. 완성하기
① 접시에 담고 그린올리브와 그레이터로 파르메산 치즈를 갈아 뿌려서 마무리한다.

Webfoot octopus and mussels, scallop served with squid ink gnocchi

주꾸미와 홍합, 가리비를 곁들인 먹물 뇨키

- **먹물 뇨키**|squid ink gnocchi(173p, No.34) 180g
- **홍합**|mussel 3ea
- **마늘**|garlic 10g
- **가리비**|scallop 1ea
- **올리브오일**|olive oil 30ml

- **백포도주**|white wine 20ml
- **페페론치노**|peperoncino to taste
- **이탈리안 파슬리**|italian parsley 10g
- **주꾸미**|webfoot octopus 40g
- **소금&후추**|salt&pepper to taste

Tip 1. 홍합과 가리비의 즙이 소스가 된다. 주꾸미는 먹물이 있으므로 손질을 철저히 하는 것이 중요하다.
2. 주꾸미가 없을 때는 꼴뚜기나 오징어로 대체 가능하다.

directions

1. 도구 준비하기
gnocchi board, kitchen board, chef knife, ladle, fry pan, stock pot, spoon, pepper mill, measuring cup, measuring spoon, wooden spatula

2. 재료 준비하기
① 주꾸미는 내장을 깨끗하게 제거하고 가리비의 힘줄을 제거한다.
② 마늘, 이탈리안 파슬리는 곱게 다진다.
③ 먹물 반죽을 뇨키판에 찍어서 모양을 만든다.

3. 조리하기
① 팬에 올리브유를 살짝 두른 다음 홍합, 가리비, 주꾸미를 넣고 볶다가 화

이트와인을 부어 플람베flambe한 다음 해산물을 꺼내놓는다. (이때 너무 질 겨지지 않도록 빠르게 조리한다.)
② 1의 사용한 팬에 마늘과 고추를 넣고 약불로 향을 낸다.
③ 끓는 물에 뇨키를 삶아(떠오르면 다 익은 것이다) 2번의 팬에 넣어 충분히 볶는다.
④ 3의 팬에 다진 이탈리안 파슬리를 넣어 섞고 소금, 후추로 간을 한다.

4. 완성하기
① 접시에 조리된 뇨키를 담고 주변은 해산물로 장식한다.

Spinach gnocchi filled with smoked salmon and grappa sauce

훈제연어를 채워넣은 시금치 뇨키와 그라파 소스

- **시금치 뇨키**spinach gnocchi(170p, No.31) 180g
- **소금&후추**salt&pepper to taste
- **훈제연어 조각**diced smoked salmon 70g
- **표고버섯**shiitake mushroom 2ea
- **브랜디**brandy(optional) 10ml
- **그라파**grappa 20ml

- **토마토 콩카세**tomato concasser 30g
- **이탈리안 파슬리**Italian parsley 5g
- **생크림**fresh cream 100ml
- **너트메그**nutmeg 2g
- **토마토 소스**tomato sauce(192p, No.42) 30ml
- **차이브**chive to taste

Tip 1. 그라파(grappa)는 이탈리아 특산의 증류주 브랜디의 일종이다. 와인을 증류하여 만드는 일반적인 브랜디와 달리 포메이스(포도 찌꺼기)를 발효시킨 알코올을 증류하여 만든다.

1 2

3 4 5

directions

1. 도구 준비하기

gnocchi board, kitchen board, chef knife, ladle, fry pan, stock pot, spoon, pepper mill, measuring cup, measuring spoon, wooden spatula

2. 재료 준비하기

① 시금치 반죽은 뇨키판에 찍어서 모양을 만든다.

② 1의 뇨키 안에 훈제연어 다이스dice를 넣고 감싼다.

③ 2의 뇨키를 끓는 물에 3분간 익혀 떠오르면 건져서 준비한다.

3. 조리하기

① 팬에 버터를 두르고 표고버섯 슬라이스를 볶다가 브랜디로 플람베flambe하고 토마토 콩카세를 넣고 볶은 후, 생크림을 넣고 끓어 오르면 소금, 후추로 간을 한 뒤 토마토 소스를 조금 넣어 핑크색으로 만든다.

② 1에 그라파grappa를 약간 넣고 다진 파슬리를 넣는다.

③ 2에 삶아놓은 뇨키를 넣고 버무려준다.

4. 완성하기

① 접시에 소스를 먼저 붓고 뇨키를 담는다.

② 가운데 훈제연어를 장미로 말아서 올리고 차이브chive로 장식한다.

Pumpkin gnocchi with mushrooms, sliced garlic and rosemary butter
버섯, 마늘, 로즈메리 버터로 맛을 낸 단호박 뇨키

- **단호박 뇨키**pumpkin gnocchi(139p, No.9) 180g
- **소금&후추**salt&pepper to taste
- **양송이**button mushroom 30g
- **마늘**garlic 15g
- **표고버섯**shiitake mushroom 30g
- **버터**butter 20g

- **포르치니버섯**porcini mushroom 30g
- **파르메산 치즈**parmigiano reggiano 20g
- **백포도주**white wine 20ml
- **다진 파슬리**chopped parsley 5g
- **올리브오일**olive oil 10ml
- **다진 로즈메리**chopped rosemary 2g

Tip 1. 마늘과 각종 버섯으로 맛을 낸 것으로 가을에 먹으면 정말 맛있는 뇨키요리이다.

1 2
3 4

directions

1. 도구 준비하기

gnocchi board, kitchen board, chef knife, ladle, fry pan, stock pot, spoon, pepper mill, measuring cup, measuring spoon, wooden spatula, grater

2. 재료 준비하기

① 양송이, 표고, 포르치니, 마늘은 슬라이스slice한다.

② 단호박 반죽을 뇨키판에 찍거나 포크로 모양을 낸다.

③ 끓는 물에 소금과 2번의 뇨키를 3분간 삶아 떠오르면 건져낸다.

3. 조리하기

① 팬에 올리브유와 버터를 1 : 1비율로 넣고 마늘, 모든 버섯을 볶다가 화이트와인을 넣어 조린 다음 소금, 후추로 간을 하여 접시에 빼놓는다.

② 1번의 팬에 버터를 두르고 삶은 뇨키를 넣고 소금, 후추로 간을 하고 불을 끄고 파슬리와 로즈메리 다진 것을 넣고 버무린다.

4. 완성하기

① 접시에 뇨키를 먼저 깔고 그 위에 익힌 버섯들을 올린다.

② 파르메산 치즈를 그레이터로 갈아서 뿌려준다.

Basil gnocchi with gorgonzola cream sauce
고르곤졸라 크림소스를 곁들인 바질 뇨키

- **바질 뇨키**basil gnocchi(134p, No.4) 180g
- **육두구**nutmeg 2g
- **생크림**fresh cream 100ml
- **구운 호두**roasted walnut 6~7ea

- **고르곤졸라 치즈**gorgonzola cheese 30g
- **소금&후추**salt&pepper to taste

Tip 1. 고르곤졸라와 크림의 진한 맛과 호두의 고소함이 어우러진 뇨키이다.
2. 바질 뇨키는 시금치 뇨키와 만드는 방법이 동일하다.

1 2
3 4

directions

1. 도구 준비하기
gnocchi board, kitchen board, chef knife, ladle, fry pan, stock pot, spoon, pepper mill, measuring cup, measuring spoon, wooden spatula

2. 재료 준비하기
① 바질 반죽을 뇨키판에 찍어서 모양을 낸다.
② 호두는 팬에 구워서 준비한다.
③ 끓는 물에 뇨키를 넣고 3분간 삶아 떠오르면 건져낸다.
④ 고르곤졸라는 칼로 잘게 부숴놓는다.

3. 조리하기
① 팬에 크림을 데운 다음, 고르곤졸라 치즈를 넣어 서로 완전히 섞이도록 잘 저어준다.
② 1에 너트메그를 넣고 소금, 후추로 간을 봐가면서 완성한다.
③ 2번의 소스 팬에 삶아놓은 바질 뇨키를 버무린다.

4. 완성하기
① 접시에 보기 좋게 담는다.
② 구운 호두를 잘게 부숴서 올려준다.

Potato gnocchi with basil pesto and baby leaves on top
바질페스토로 버무린 감자 뇨키와 위에 올린 어린 잎

- **감자 뇨키**potato gnocchi(168p, No.30) 180g
- **선 드라이 토마토**sun dry tomato 15g
- **바질페스토**basil pesto(188p, No.40) 40g
- **새송이버섯**king oyster mushroom 20g
- **올리브오일**olive oil 20ml
- **모둠 어린잎**baby leaves 15g
- **애호박**zucchini 30g
- **파르메산 치즈**parmigiano reggiano 15g
- **가지**eggplant 30g
- **소금&후추**salt&pepper to taste

1 2
3 4

directions

1. 도구 준비하기
kitchen board, chef knife, sheet pan, ladle, fry pan, large pot, spoon, tong, pepper mill, measuring cup, measuring spoon

2. 재료 준비하기
① 선 드라이 토마토는 슬라이스하고 어린잎은 물에 살려둔다.
② 가지, 호박, 새송이버섯은 큐브 모양으로 자른다.
③ 바질페스토를 만든다.(판매용 바질페스토를 사용해도 된다.)
④ 끓는 물 2L에 소금 20g을 넣고 감자 뇨키를 넣고 3분간 삶아 건져 올리브 오일에 코팅시킨다.

3. 조리하기
① 팬에 올리브오일을 두르고 가지, 호박, 새송이를 볶다가 소금, 후추로 간을 한다.
② 1의 팬에 삶은 감자 뇨키와 선 드라이를 넣고 볶다가 바질페스토를 넣고 소금, 후추로 간을 하여 마무리한다.

4. 완성하기
① 접시에 완성한 파스타를 담고 파르메산 치즈를 뿌려 마무리한다.

All about Pasta

chapter 20

Risotto
리소토

Tomato risotto with prescatore seafood
신선한 해산물을 곁들인 토마토 리소토

- 쌀rice 80g
- 소금&후추 salt&pepper to taste
- 오징어squid 10g
- 파슬리 촙chopped parsley 5g
- 모시조개(또는 바지락) clam 3ea

- 올리브오일olive oil 20ml
- 홍합mussle 2ea
- 양파onion 20g
- 새우shrimp 2ea
- 마늘garlic 10g
- 관자scallop 2ea
- 생선육수fish stock(182p, No.38) 300ml

- 토마토 콩카세tomato concasser 20g
- 백포도주white wine 10ml
- 토마토 소스tomato sauce(192p, No.42) 50ml
- 페페론치노peperoncino to taste

Tip
1. 신선한 해산물과 토마토로 맛을 낸 리소토이다. 마레mare는 해산물, 페스카토레pescatore는 어부를 뜻한다.
2. 리소토를 맛있게 만들려면 절대로 쌀을 물에 씻으면 안 된다. (맛있는 맛과 영양소들이 빠져나간다.)
3. 조리할 때 육수나 알코올을 날린 와인의 맛이 스며들면서 리소토의 맛있는 맛이 만들어진다.

1 2 3
4 5

directions

1. 도구 준비하기
kitchen board, chef knife, ladle, heavy-based sauce pan, stock pot, spoon, pepper mill, measuring cup, measuring spoon, grater, wooden spatula

2. 재료 준비하기
① 생선 육수fish stock를 미리 끓여서 준비한다.
② 토마토는 콩카세하고 마늘, 양파, 파슬리, 페페론치노는 곱게 다진다.
③ 해산물은 한입 크기로 정선한다.

3. 조리하기
① 팬에 오일을 두르고 양파, 마늘을 넣고 볶아서 향을 낸 뒤 정선한 해산물(1/2)을 넣고 볶다가 화이트와인으로 플람베를 한다.
② 1의 팬에 쌀을 넣고 볶다가 소금 간을 살짝 한다.
③ 2의 쌀이 익을 때까지 생선육수를 부어서 졸이다가 익힌다.
④ 새로운 팬에 올리브오일을 두르고 마늘과 페페론치노 촙을 넣어 향을 낸 다음 해산물(1/2)을 넣고 화이트와인으로 플람베flambe해 준다.
⑤ 3에 소금, 후추로 간을 하고 토마토와 토마토 소스를 넣고 익혀놓은 쌀과 생선 육수로 농도를 조절하며 섞어서 간을 확인한 뒤 마무리한다.

4. 완성하기
① 접시에 리소토를 먼저 담고 그 위에 해산물을 올린다.
② 파슬리 촙을 뿌리고 올리브오일을 한 바퀴 둘러준다.

Green vegetable whole wheat risotto
녹색 채소 통밀 리소토

- **통밀**whole wheat 80g
- **시금치**spinach 40g
- **버터**butter 30g
- **백포도주**white wine 20ml
- **올리브오일**olive oil 20ml
- **다진 파슬리**
  chopped parsley 10g

- **마늘**garlic 10ea
- **파르메산 치즈**
  parmigiano reggiano 30g
- **양파**onion 20g
- **소금&후추**salt&pepper to taste
- **채소 육수**vegetable stock(184p, No.39)
  300ml

- **호랑이콩**tiger kidney beans 30g
- **강낭콩**French beans 20g
- **아스파라거스**asparagus 40g
- **완두콩**peas 30g

Tip 1. 구워낸 마늘과 함께 여러 가지 녹색 채소들이 어우러진 채식 위주의 사람들을 위한 웰빙 리소토이다.
2. 통밀은 변비 예방, 동맥경화 예방, 수용성과 불용성 식이섬유소가 모두 들어 있어 변비에 좋고 쌀겨층과 배아는 리놀레산이 많아 동맥경화나 노화 방지에 좋다.

1 2 3
4 5 6

directions

1. 도구 준비하기
kitchen board, chef knife, ladle, heavy-based sauce pan, stock pot, spoon, pepper mill, measuring cup, measuring spoon, grater, wooden spatula

2. 재료 준비하기
① 마늘, 양파는 다진다.
② 아스파라거스는 2.5cm 길이로 자른다.
③ 시금치는 끓는 물에 살짝 데쳐blanching 식힌다.
④ 파르메산 치즈는 그레이터에 갈아놓는다.

3. 조리하기
① 팬에 올리브오일, 버터를 녹인 후, 양파와 마늘을 넣고 갈색이 나지 않게 볶는다.
② 1에 통밀을 넣어 버터와 오일에 코팅되도록 볶다가 화이트와인을 넣어 알코올은 날아가고 풍미는 통밀에 스며들게 한다.
③ 2에 계속해서 채소육수를 부어주며 통밀이 크림화될 때까지 약 20분간 조리한다.
④ 다른 작은 팬에 버터를 두르고 모든 채소들을 볶아서 3의 팬에 넣고 섞은 뒤 소금, 후추로 간을 하고 육수로 농도를 조절해 주고 불을 끄고 파르메산 치즈와 버터로 몽트monte한다.

4. 완성하기
① 접시에 예쁘게 담고 다진 파슬리와 파르메산 치즈를 뿌려준다.

Adlay, pimento risotto with spinach sauce
시금치 소스를 곁들인 율무, 피망 리소토

- **율무**adlay or Chinese pearl barley 80g
- **시금치 소스**spinach sauce 30ml
- **붉은 피망**red pimento 2ea
- **버터**butter 20g
- **양파**onion 30g
- **소금&후추**salt&pepper to taste

- **올리브오일**olive oil 30ml
- **앤초비**anchovy 5g
- **마늘**garlic 10g
- **파르메산 치즈**parmigiano reggiano 30g
- **치킨스톡**chicken stock(176p, No.35) 300ml

Tip 1. 율무는 공해와 인스턴트 등의 섭취로 약화된 우리 몸을 알칼리화해 건강 체질로 만들어준다. 섬유질, 비타민, 미네랄 등이 고루 들어 있고 단백질 함량과 필수아미노산이 많아 혈관의 노화방지, 각기병 예방, 위장보호, 성인병 예방에 효과가 있다.

1 2

3
4
5

directions

1. 도구 준비하기
kitchen board, chef knife, ladle, heavy-based sauce pan, stock pot, spoon, pepper mill, measuring cup, measuring spoon, grater, wooden spatula, hand blender

2. 재료 준비하기
① 파르메산 치즈는 그레이터로 갈아서 준비한다.
② 마늘, 양파는 촙을 한다.
③ 피망은 오일을 바르고 200℃로 예열된 오븐에 30분간 갈색이 나도록 굽는다.
④ 시금치 소스-시금치를 데쳐 잘라서 믹서기에 갈아 소금 간을 하여 체에 내려 소스를 만든다.

3. 조리하기
① 팬에 올리브오일을 두르고 양파, 마늘 촙과 세척한 율무를 넣고 색이 나지 않게 볶아준다.
② 1에 치킨스톡을 넣고 소금 간을 하여 율무를 익혀준다.
③ 구운 피망은 껍질과 씨를 제거하고 믹서기에 곱게 갈아 체에 내린다.
④ 2에 간 피망을 넣고 잘 저어 소금, 후추로 간을 하고 농도가 나면 불을 끄고 파르메산 치즈와 버터로 몽트를 해서 마무리한다.

4. 완성하기
① 접시에 보기 좋게 담는다.
② 시금치 소스와 앤초비로 가니쉬한다.

Saffron mushroom risotto

새프런 버섯 리소토

- **쌀**rice 80g
- **닭 육수**chicken stock(176p, No.35) 300ml
- **양파**onion 20g
- **새프런**saffron 1g
- **마늘**garlic 10g
- **백포도주**white wine 20ml
- **표고버섯**
  shiitake mushroom 2ea

- **소금&후추**salt&pepper to taste
- **양송이**button mushroom 2ea
- **버터**butter 30g
- **새송이버섯**king oyster mushroom 1ea
- **파르메산 치즈**parmigiano reggiano 20g
- **황금팽이버섯**
  golden enoki mushroom 20g

- **자연송이버섯**king oyster mushroom 1ea
- **느타리버섯**oyster mushroom 20g
- **다진 파슬리**chopped parsley 2g

Tip 1. 풍기는 이탈리아어로 버섯을 뜻한다.
2. 신선한 여러 가지 버섯과 닭 육수로 맛을 낸 리소토는 세계 어디에서도 인기 있는 메뉴이다.

directions

1. 도구 준비하기

kitchen board, chef knife, ladle, heavy-based sauce pan, stock pot, spoon, pepper mill, measuring cup, measuring spoon, grater, wooden spatula

2. 재료 준비하기

① 파르메산 치즈는 그레이터grater로 갈아서 준비한다.
② 양파, 마늘, 파슬리는 곱게 다져서 준비한다.
③ 닭 육수는 미리 끓여서 차갑게 준비한다.
④ 각종 버섯들은 정선하여 자른다.
⑤ 새프런은 뜨거운 물에 담가 주스를 만든다.

3. 조리하기

① 팬에 버터를 두르고 양파, 마늘을 넣어 향을 내면서 색이 나지 않도록 볶는다.
② 1에 쌀을 넣어 노릇하게 볶다가 화이트와인을 넣어 스며들게 한 다음 새프런 주스와 닭 육수를 부어가며 쌀이 익을 때까지 졸이면서 익힌다.
③ 다른 팬에 버터를 살짝만 두르고 정선한 버섯을 센 불로 노릇하게 구워서 소금, 후추 간을 한 다음 가니쉬용으로 1/3은 뺀 뒤 2번에 넣고 잘 섞어 치킨 스톡으로 농도를 조절하여 쌀을 잘 익혀준다.
④ 3의 팬에 불을 끄고 파르메산 치즈와 버터를 넣고 몽트monte를 하여 마무리한다.

4. 완성하기

① 접시에 리소토를 보기 좋게 담고 가니쉬용 버섯을 올려준다.
② 다진 파슬리를 뿌려 마무리한다.

Scallop, abalones, octopus in squid ink based risotto
관자, 전복, 문어를 넣은 먹물 리소토

- **쌀**rice 80g
- **문어**octopus 30g
- **오징어 먹물**squid ink 1T
- **새우**shrimp 2ea
- **생선 육수**fish stock(182p. No.38) 300ml
- **모시조개**clam 2ea

- **버터**butter 30g
- **파슬리**parsley 10g
- **화이트와인**white wine 20ml
- **소금&후추**salt&pepper to taste
- **방울토마토**cherry tomato 2ea
- **마늘**garlic 10g

- **전복**abalon 1ea
- **양파**onion 20g
- **관자**scallop 1ea

Tip 1. 베네토 지역의 대표적인 리소토로, 오징어 먹물을 넣어 만든다. 오징어 먹물을 넣어 만들기 때문에 리소토의 색깔은 검은 편이고 맛은 짭짤하면서 고소하다.

directions

1. 도구 준비하기
kitchen board, chef knife, ladle, heavy-based sauce pan, stock pot, spoon, pepper mill, measuring cup, measuring spoon, wooden spatula

2. 재료 준비하기
① 양파, 마늘, 파슬리는 다진다.
② 방울토마토는 1/4로 자른다.
③ 해산물은 정선 후 한입 크기로 자른다.

3. 조리하기
① 팬에 오일을 두르고 양파, 파슬리, 마늘을 향이 나게 볶는다.
② 1의 팬에 쌀을 넣고 볶다가 화이트와인을 넣고 스며들게 한 다음 생선 육수와 오징어 먹물을 넣고 쌀을 익힌다.
③ 다른 팬에 버터를 두르고 양파, 마늘 촙을 넣고 볶다가 정선한 해산물을 볶다가 익으면 1/3은 빼서 가니쉬로 사용하고 나머지는 2의 팬에 넣고 잘 섞어 생선 육수로 농도를 조절하여 쌀을 잘 익혀 소금, 후추로 간을 한다.
④ 3번의 팬에 불을 끄고 버터를 넣고 몬트monte하여 마무리한다.

4. 완성하기
① 접시에 리소토를 보기 좋게 담고 가니쉬용 해산물을 올려준다.
② 다진 파슬리를 뿌려 마무리한다.

Cream risotto with iberico jamon

이베리코 하몽을 곁들인 크림 리소토

- 쌀rice 80g
- 콜리플라워cauliflower 50g
- 이베리코 하몽iberico jamon 60g
- 닭육수chicken stock(176p, No.35) 300ml
- 생크림fresh cream 80g
- 소금salt to taste

- 양파onion 30g
- 이탈리안 파슬리italian parsley 10g
- 버터butter 30g
- 파르메산 치즈parmigiano reggiano 20g

Tip 1. 하몽은 흰 돼지로 만든 하몽 세라노(jamon serrano)와 흑돼지로 만든 하몽 이베리코(jamon iberico)가 있는데, 하몽 세라노는 하몽 이베리코보다 낮은 등급으로 6~12개월 정도 숙성시켜 만든다. 하몽 이베리코는 스페인과 포르투갈의 국경지대에 위치한 산간지방의 이베리아종 흑돼지로 만든 것으로, 이 지역의 돼지는 산악지대에 방목하면서 도토리만 먹고 자라 다른 지역 돼지에 비해 근육층이 발달된 것이 특징이다.

119

directions

1. 도구 준비하기
   kitchen board, chef knife, ladle, heavy-based sauce pan, stock pot, spoon,
   pepper mill, measuring cup, measuring spoon, wooden spatula

2. 재료 준비하기
   ① 양파, 파슬리는 다진다.
   ② 파르메산 치즈는 그레이터grater로 갈아서 준비한다.(optional)
   ③ 닭 육수는 미리 끓여서 차갑게 준비한다.
   ④ 콜리플라워는 다이스로 썰어서 준비한다.

3. 조리하기
   ① 팬에 버터를 두르고 양파, 콜리플라워를 볶는다.

② 1번의 팬에 쌀을 넣고 볶다가 닭 육수를 넣어 소금 간을 한 뒤 쌀을 익힌다.
③ 쌀이 반쯤 익으면 생크림을 넣고 닭 육수로 농도를 조절하여 쌀을 잘 익혀준다.
④ 3번의 팬에 불을 끄고 버터와 파르메산 치즈(optional)를 넣고 몽트monte 하여 마무리한다.

4. 완성하기
   ① 접시에 리소토를 보기 좋게 담고 이베리코 하몽을 가니쉬하여 올려준다.
   ② 다진 이탈리안 파슬리를 뿌려 마무리한다.

All about Pasta

chapter 21

Zuppa
수프

Kidney bean riso with crispy prosciutto zuppa
바삭한 프로슈토를 곁들인 강낭콩 리소 추파

- **프로슈토 햄**prosciutto ham 20g
- **리소**riso 50g

강낭콩 추파
- **올리브오일**olive oil 20ml
- **다진 양파**chopped onion 20g
- **강낭콩**kidney bean 60g
- **닭 육수**chicken stock(176p, No,35) 300ml
- **소금**salt to taste

레드와인 소스
- **적양파**red onion 50g
- **적포도주**red wine to taste
- **설탕**sugar 5g
- **소금**salt to taste
- **전분**starch 10g
- **장식용 어린잎**baby leaves 10g

Tip 1. 강낭콩의 독특한 맛과 새콤하게 조린 레드와인 소스, 바삭한 프로슈토의 맛은 환상적인 궁합을 자랑한다.
2. 다양한 모양의 짧은 파스타로 만들 수 있으며 생면으로도 가능하다.

1   2   3

4   5   6

directions

1. 도구 준비하기
kitchen board, chef knife, sheet pan, ladle, fry pan, stock pot, spoon, hand blender, pepper mill, measuring cup, measuring spoon

2. 재료 준비하기
① 프로슈토를 호일로 감싸고 예열된 오븐에 4분간 구워서 식힌 후 잘게 썰어 놓는다.
② 끓는 물 1L, 소금 10g을 넣고 리소를 5분간 삶아 건져낸다.
③ 팬에 채 썬 적양파를 볶다가 적포도주를 넣고 반으로 조리다가 설탕을 넣고 전분으로 농도를 맞춰 레드와인 소스를 준비한다.

3. 조리하기
① 팬에 올리브유를 두르고 채 썬 적양파를 색이 나지 않게 볶다가 강낭콩을 넣고 볶는다.
② 1에 닭육수를 넣고 조금 더 끓이다가 믹서에 곱게 갈아 체에 거른다.
③ 2번의 내용물을 다시 팬에 넣고 중불로 살짝 끓이다가 소금 간을 하여 마무리한다.

4. 완성하기
① 접시에 삶아놓은 리소, 강낭콩 추파 순서로 부어주고 레드와인 소스를 살짝 둘러준다.
② 마지막으로 어린잎과 프로슈토 촙을 올려 마무리한다.

Roasted eggplant and couscous zuppa
구운 가지와 쿠스쿠스 추파

- **쿠스쿠스**couscous 50g
- **가지**eggplant 2ea
- **닭 육수**chicken stock(176p, No.35) 300ml
- **양파**onion 30g
- **레몬즙**lemon juice 20ml

- **토마토 페이스트**tomato paste 10g
- **바질**basil 10g
- **토마토 다이스**diced tomato 100g
- **커민씨**cumin seed to taste
- **다진 마늘**crushed garlic 15g

Tip 1. 불에 구워 불향smoked이 나는 가지는 터키요리, 지중해, 중동요리에도 많이 사용한다.
2. 쿠스쿠스는 세상에서 가장 작은 파스타이며 샐러드나 수프 등에 이용된다.

directions

1. 도구 준비하기
kitchen board, chef knife, ladle, fry pan, large pot, spoon, pepper mill, measuring cup, measuring spoon

2. 재료 준비하기
① 가지 1개는 직화로 구운 뒤 속을 파내고, 1개는 small dice로 잘라서 소금을 살짝 뿌려 기름 두른 팬에 노릇하게 튀기듯이 구워 키친타월로 기름을 제거한다.
② 양파, 마늘은 다지고, 토마토는 다이스, 바질은 슬라이스한다.
③ 끓는 물 1L에 소금 10g을 넣고 쿠스쿠스를 넣어 5분간 삶아 건진다.

3. 조리하기
① 팬에 오일을 두르고 다진 양파, 마늘과 커민을 넣고 부드러워지게 볶다가 토마토 페이스트를 넣고 볶는다.
② 1의 팬에 다이스한 토마토, 닭 육수를 넣고 끓여준다.
③ 2의 내용물에 가지 속, 레몬즙, 소금, 후추로 간을 하여 믹서에 넣고 갈아준다.

4. 완성하기
① 접시에 삶은 쿠스쿠스와 갈아놓은 수프를 붓는다.
② 위에서 튀긴 가지와 바질로 장식하여 마무리한다.

Zuppa with seafood and orecchiette
해산물과 오레키에테를 넣은 추파

- 오레키에테orecchiette 50g
- 다진 마늘crushed garlic 10g
- 다진 양파crushed onion 20g
- 다진 당근crushed carrot 20g
- 토마토 소스tomato sauce(192p, No.42) 80ml
- 백포도주white wine 20ml
- 페페론치노peperoncino 3ea

- 바질basil 10g
- 적양파red onion 50g
- 이탈리안 파슬리Italian parsley 5g
- 올리브오일olive oil 20ml

해산물sea food
- 오징어squid 30g
- 모시조개clam 3g

- 관자scallop 2ea
- 홍합mussel 3ea
- 새우shrimp 3ea
- 흰 생선살white fish 50g
- 소금&후추salt&pepper to taste
- 조개육수clam stock(180p, No.37) 200ml
- 주꾸미baby octopus 1ea
- 로브스터lobster 1/4ea

Tip 1. 널리 알려진 이탈리아의 해산물을 이용한 토마토 수프이며, 오레키에테와 같은 파스타를 넣어 식사대용으로 먹기도 한다.

1 2
3 4

directions

1. 도구 준비하기
kitchen board, chef knife, sheet pan, ladle, fry pan, large pot, spoon, tong, pepper mill, measuring cup, measuring spoon

2. 재료 준비하기
① 해산물은 깨끗이 씻어서 정선하여 자른다.
② 조개육수는 미리 끓여서 준비해 놓는다.
③ 양파, 마늘, 당근, 페페론치노, 파슬리는 촙을 한다.
④ 끓는 물 1L에 소금 10g을 넣고 오레키에테를 넣어 6분간 삶아 건져 올리브오일에 코팅시킨다.

3. 조리하기
① 팬에 오일을 두르고 마늘을 넣고 볶아 향을 낸 후 손질한 해산물을 넣어 조개가 입을 벌릴 때까지 익히고 백포도주를 넣어 디글레이즈한 다음 꺼내서 따로 놓아둔다. (이때 생선살이 부서지지 않도록 주의한다.)
② 1의 팬에 양파, 당근, 페페론치노, 바질을 넣고 볶다가 토마토 소스와 조개육수, 꺼내놓은 해산물, 삶아놓은 오레키에테를 넣고 끓인다.
③ 국물을 자작하게 끓이고 소금, 후추로 간을 한 후 불을 끄고 올리브오일을 살짝 두른다.

4. 완성하기
① 접시에 내용물을 담고 국물을 부어준다.
② 1번의 접시에 다진 이탈리안 파슬리를 뿌려 마무리한다.

Assorted mushroom zuppa with chicken breast
닭가슴살을 곁들인 모둠버섯 추파

- **카펠리니**capellini 50g
- **방울토마토**cherry tomato 3ea
- **마늘**garlic 2ea
- **모둠버섯**assorted mushroom 50g
- **닭가슴살**chicken breast 80g

- **소금&후추**salt&pepper to taste
- **닭 육수**chicken stock(176p, No.35) 30ml
- **이탈리안 파슬리**italian parsley 10g
- **페페론치노**peperoncino to taste
- **올리브오일**olive oil 20ml

Tip 1. 추파(zuppa)는 이탈리아의 수프를 의미한다.

1   2   3

4   5   6

directions

1. 도구 준비하기
kitchen board, chef knife, sheet pan, ladle, fry pan, large pot, spoon, tong, pepper mill, measuring cup, measuring spoon

2. 재료 준비하기
① 마늘은 슬라이스하고, 페페론치노, 파슬리는 촙을 한다.
② 닭 육수는 미리 끓여서 준비해 놓는다.
③ 모둠버섯을 먹기 좋게 썰어 놓고 닭가슴살은 큐브모양, 방울토마토는 4등분을 한다.
④ 끓는 물 1L에 소금 10g을 넣고 카펠리니면을 넣어 2분간 삶아 건진다.

3. 조리하기
① 팬에 오일을 두르고 마늘, 페페론치노 촙을 넣고 볶아 향을 낸다.
② 2의 팬에 정선한 닭가슴살, 모둠버섯을 넣어 볶아준다.
③ 3의 팬에 닭고기 육수를 넣고 끓여 소금, 후추로 간을 하여 완성한다.

4. 완성하기
① 접시에 삶은 면과 내용물을 담고 국물을 부어준다.
② 가니쉬로 방울토마토와 이탈리안 파슬리 촙을 올려준다.

REFERENCE

• 박찬일(2014). 보통날의 파스타. ㈜백도씨.

• 이케가미 슌이치 지음. 김경원 옮김(2015). 파스타로 맛보는 후룩후룩 이탈리아 요리. 돌베개.

• 알레산느로 바르초 마뇨 시음. 윤병언 옮김(2014). 맛의 천새. 책세상.

• 카즈 힐드 브란드·제이콥 케네디 지음. 차유진 옮김(2015). 파스타의 기하학. 미메시스.

• 노순배(2014). 알폰소의 파스타 스토리아. 책과나무.

• 엘레나 코스튜코비치 지음. 김희정 옮김(2010). 왜 이탈리아 사람들은 음식이야기를 좋아할까? 랜덤하우스코리아(주).

• 파올로 데 마리아(2010). 파올로의 이탈리아 정통 레시피 파스타 에 바스타. ㈜비앤씨월드.

• 호텔 뉴오타니 지음. 조리 오타 다카히로 감수(2015). 집에서 만드는 호텔 파스타. ㈜도서출판달리.

• 카를라 바르디 지음. 김희정 옮김(2011). 파스타. 마로니에북스.

• 니시구치 다이스케·고이케 노리유키·스기하라 가즈요시(2016). 프로를 위한 파스타의 기술. 그린쿡.

• 고범석(2008). 이탈리아 요리의 세계. 훈민사.

• 안토니오 심(2013). 셰프 안토니오의 파스타. 도서출판대가.

• Marc Vetri with David Joachim(2015). Mastering Pasta. Berkeley: Ten Speed Press.

• Tom Bridge(1988). What's Cooking? Pasta. Thunder Bay Press.

• Lucio Galletto, & David Dale(2012). The Art of Pasta. London : Grub Street.

• Oretta Zanini de Vita(2009). Encyclopedia of Pasta. University of California Press.

Author Introduction

이종필
조리기능장
경희대학교 조리외식경영학 박사
현) 부천대학교 호텔외식조리학과 교수

조성현
세종대학교 조리외식경영학 박사

Professional Photographer

김명재
Black & White Photo 대표
'셰프의 서양조리' 외 포토그래피작업 다수
Instagram : mj kellan Kim
E-mail : black_white_photo@naver.com
010-6323-8587

저자와의
합의하에
인지첩부
생략

All About **PASTA**

2017년 3월 25일 초판 1쇄 발행
2023년 1월 20일 초판 2쇄 발행

지은이 이종필 · 조성현
펴낸이 진욱상
펴낸곳 백산출판사
교 정 편집부
본문디자인 오정은
표지디자인 오정은

등 록 1974년 1월 9일 제406-1974-000001호
주 소 경기도 파주시 회동길 370(백산빌딩 3층)
전 화 02-914-1621(代)
팩 스 031-955-9911
이메일 edit@ibaeksan.kr
홈페이지 www.ibaeksan.kr

ISBN 979-11-5763-338-8
값 36,000원